U0246483

室内装饰风格手册

INTERIOR DECORATION STYLE

李江军　王梓羲　编

中国电力出版社
CHINA ELECTRIC POWER PRESS

内容提要

本书以当前国内最具代表性的 13 类装饰风格作为研究对象，从风格要素、配色美学、家具陈投、灯饰照明、布艺织物、软装饰品 6 个方面进行了详细而深入的介绍，同时结合室内实战设计案例进行讲解，帮助设计师真正了解并区分每种风格文化内涵的根源，将硬装特征和软装要素牢记在心，通过系统学习达到能力的提升，进而举一反三，融会贯通。

图书在版编目（CIP）数据

室内装饰风格手册 / 李江军，王梓羲编. —北京：中国电力出版社，2019.1（2021.1重印）
ISBN 978-7-5198-2423-5

Ⅰ．①室… Ⅱ．①李… ②王… Ⅲ．①室内装饰设计—手册 Ⅳ．①TU238.2-62

中国版本图书馆CIP数据核字（2018）第216111号

出版发行：中国电力出版社
地　　址：北京市东城区北京站西街19号（邮政编码100005）
网　　址：http://www.cepp.sgcc.com.cn
责任编辑：曹　巍 （010-63412609）
责任校对：黄　蓓　太兴华
责任印制：杨晓东

印　　刷：北京盛通印刷股份有限公司
版　　次：2019年1月第一版
印　　次：2021年1月北京第二次印刷
开　　本：889毫米×1194毫米　16开本
印　　张：20
字　　数：635千字
定　　价：168.00元

前 言

现代室内设计作为一门新兴学科，尽管还只是近数十年的事，但是人们有意识地对自己生活、生产活动的室内进行安排布置，甚至美化装饰，赋予室内环境以所期盼的气氛，却从人类文明伊始就已存在。无论是业主还是设计师，在做方案前都需要首先确定装饰设计的基本格调，例如是现代感十足还是古典味浓厚。所以想要成为一名合格的室内设计师，必然需要了解和掌握流行室内装饰风格的起源、特征以及要素等。大多数设计风格是由特定的生活方式经过长期的积累和沉淀所造就，还有一些设计风格是由某些或者某个人物所创造或者主导。风格的起源就是设计起源，这是对室内设计艺术本质的揭示。

所有室内设计风格均由一系列特定的硬装特征和软装要素组成，其中的一些特征与要素具有与生俱来的标志性符号，是人们识别和表现它们的依据，比如特定的图案或者饰品等。本书以流行于国内最具代表性的 13 种装饰风格作为研究对象，从风格要素、配色美学、家具陈设、灯饰照明、布艺织物、软装饰品、室内实战设计案例七个方面进行了详细而深入的剖析，帮助设计师真正了解并区分每个风格文化内涵的根源，然后将硬装特征和软装要素牢记在心，通过系统学习达到能力的提升，进而举一反三，融会贯通。

为了确保本书内容的真实性、准确性和丰富性，本书编者历时一年多的时间，不仅查阅了大量的国内外资料，而且从数万个设计案例中精选出 1000 多个国内外室内设计大师的最新作品，并配合文字进行解析，最后邀请王梓羲、李红阳等国内优秀软装教育者进行内容的修改和审核。在此要特别感谢这些资料的创作者和提供者，以及推动中国室内设计发展的著名设计大师。

任何室内装饰风格都不是死板僵硬的模板公式，而是为设计提供一个方向性的指南，同时也是设计师取之不尽、用之不竭的灵感来源。本书力求结构清晰易懂、内容图文并茂、知识点深入浅出，可以作为室内设计师和相关从业人员的参考工具书，软装艺术爱好者的普及读物，也可作为高等院校相关专业的教材。

编　者

目录

C O N T E N T S

前言

第 一 章 Interior Decoration
Style

北欧风格

室 内 装 饰 风 格 手 册

📝 风格起源

北欧风格设计在 20 世纪 50 年代发源于北欧的芬兰、挪威、瑞典、冰岛和丹麦，这些国家靠近北极寒冷地带，原生态的自然资源相当丰富，关于这些国家的记忆符号，立刻可以想到冰天雪地，还有北极熊，以及原生态的森林。

由于户外极寒的天气，使得北欧人只能长期生活在户内，从而造就了他们丰富且熟练的各种民族工艺传统。简单实用，就地取材，以及大量使用原木与动物的皮毛，形成了最初的北欧风符号特点。在这个漫长的过程中，北欧人与现代工业化生产并没有形成对立，相反采取了包容的态度，很好地保障了北欧制造的特性和人文。

随着现代工业化的发展，北欧风格还是保留了当初最早的特点——自然、简单、清新，其中自然系的北欧风仍延续到今天。不过，北欧风最初的简洁还在不断发展当中，现如今的北欧风不再局限于当初的就地取材上，工业化的金属以及新材料，都被应用到北欧风格中。

△ 漫长的冬季和冰天雪地是北欧国家给人的第一印象

△ 大面积的原生态森林满足了北欧风格常以原木为主导的环保设计理念

在北欧人的文化中，人们对家居以及生活中的杂物都比较重视。环保、简单、实用的现代理念渗透北欧人生活中的方方面面。以木质家具为主导的设计，主张健康简单的居家生活方式以及浪漫的生活基调，摒弃了复杂浮夸的设计，非常崇尚回归自然、返璞归真的精神。常用原木融合人现代、实用的设计美学理念，是非常受现代都市人欢迎的一种设计风格。

风格特征

北欧风格的主要特征是极简主义，以及对功能性的强调，并且对后来的极简主义、简约主义、后现代等风格都有直接的影响。在 20 世纪风起云涌的工业设计浪潮中，北欧风格简洁又不失气质的特点被推向了高峰。北欧风格大体分为两种，一种是充满现代造型线条的现代风格，另一种是崇尚自然、乡间质朴的自然风格。

多数北欧的房子是由砖墙创建而成，非常有怀旧风情与历史氛围。为了防止过重的积雪压塌房顶，北欧的建筑都以尖顶、坡顶为主，室内可见原木制成的梁、檩、椽等建筑构件。顶、墙、地三个面，完全不用纹样和图案装饰，只用线条、色块进行点缀。简单来说，北欧风格居家通常不会做过多的固定式硬装，因为对他们来说，装修并不是主角，居住者如何利用软装营造简单、随兴舒适的氛围才是关键。

△ 尖顶或坡顶是北欧建筑的特点之一

△ 充满现代造型线条的北欧风格

11

北欧有丰富的木材资源，瑞典和芬兰的森林覆盖率很高，长期以来木材就被认为是最好的材料而被广泛应用于建筑之中。在北欧风格的家居环境中基本上都使用未经精细加工的原木。这种木材最大限度地保留了木材的原始色彩和质感，有很独特的装饰效果。除了善用木材之外，还有石材、玻璃和铁艺等都是在北欧风格中经常运用到的装饰材料。

此外，北欧风格非常注重采光，也许是为了在北欧漫长的冬季也能有良好的光照，大多数北欧设计的房屋都选择了大扇的窗户甚至于落地窗，也正是因为有了大面积的采光，北欧风格家居才不会因为大面积冷色调而显得过于冷清。

△ 崇尚自然质朴的北欧风格

△ 木材是北欧建筑中最为广泛应用的材料

△ 砖墙与原木制作的梁非常具有自然风情

装饰要素

01 光线需求

北欧风格对光线需求高，要求空间采光好

02 功能分区模糊

北欧风格对空间的功能分区比较模糊，一般利用软装进行空间分割

03 黑白色

北欧风格常见空间配色以黑白为主

04 纯色色块

北欧风格的家具装饰中主要以浅淡的纯色色块为主，图案纹样较少使用

05 浅色＋原木色

北欧风格家具一般以浅色的未经精细加工的木材质为主，保留了木材的原始色彩和质感

06 几何线条

家具布艺多见直线条或者规则的几何形

07 现代造型家具

现代造型家具突出实用性，并且完全不用纹样和雕刻

08 现代抽象风格装饰画

北欧风格主挂画主要以现代抽象风格装饰画为主，一般选择留白比较多的抽象动物或者植物图案

01
光线需求

02
功能分区模糊

03

黑白色

04

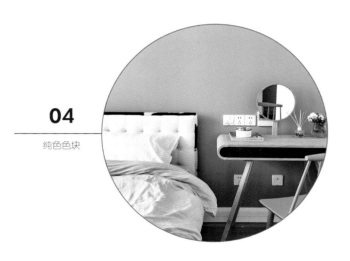

纯色色块

05

浅色 + 原木色

06

几何线条

07

现代造型家具

08

现代抽象风格
装饰画

　　北欧的气候相对于其他地区来说更加寒冷，所以北欧人就想到了利用色彩来装饰空间，大部分家庭会使用大面积的纯色来进行装修，并且颜色跟原木色比较接近。在色相的选择上偏向白色、米色、浅木色等淡色基调，给人以干净明朗的感觉，绝无杂乱之感。以白色为基底，运用彩度及明度高的纯色搭配，这样很容易在空间里制造出让人眼前一亮的感觉。北欧风格本身没有标志性的装饰图案，其典型图案均为经过艺术化的装饰花卉和彩色的条纹。

　　北欧风格的墙面一般以白色、浅灰色为主，地面常选用深灰、浅色的地板；而主体色应呼应背景色，白灰、浅色系的布艺家具与棕色、原木色、白色的几柜家具都是不错的选择。此外，一些高饱和度的纯色，如黑色、柠檬黄、薄荷绿可用来作为北欧家居中的点缀色。

[尚舍设计]

| 主体色 ｜ C 26　M 17　Y 15　K 0 | 点缀色 ｜ C 11　M 22　Y 67　K 0 | 点缀色 ｜ C 18　M 76　Y 69　K 0 |

米白色

　　北欧风格中，米白色是较为常见的色彩，拥有了白色的单纯，同时又不会让人觉得十分的单调、清冷。这样的颜色更容易让人接受，同时也能更好地进行其他方面的搭配，是个不错的选择。

背景色 | C 10　M 10　Y 15　K 0

主体色 | C 8　M 7　Y 6　K 0

△ 米白色是北欧风格中常见的色彩之一

△ 北欧风格中的黑色通常出现在软装搭配上

黑白色

　　黑白色的组合被誉为永远都不会过时的色彩搭配，而北欧风格延续了这一法则。在北欧地区，冬季会出现极夜，日照时间较短。因此阳光非常宝贵，而居室内的纯白色调，能够最大限度地反射光线，将这有限的光源充分利用起来，形成了美轮美奂的北欧装饰风格。黑色则是最为常用的辅助色，常见于软装的搭配上。黑白分明的视觉冲击，再用灰色来做缓冲调剂，让白色的北欧家居不会显得太过于单薄。黑白交汇是北欧的经典色彩，它引领着一种低调的时尚感，远离浮华的急躁，让人觉得从容而自在。

主体色 | C 10　M 10　Y 15　K 0

辅助色 | C 0　M 0　Y 0　K 100

△ 大面积白色中加入黑色作为辅助凸显层次感

清新绿色

绿植是北欧风格家居中不可或缺的点缀饰品之一，用绿色搭配白色，会让空间显得清新自然。由浅到深的渐变绿，一方面丰富了空间里色彩的层次，同一色系也不会显得杂乱。另一方面墨绿在白色和其他深色之间起到了过渡作用，加强了空间的整体感。而且绿色与北欧元素的原木色搭配也十分协调，如果说蓝白让人置身在天空和海洋中，那么绿白配以原木色则给人营造出了森林深处的静谧祥和。

| 背景色 | C 45 M 13 Y 27 K 0 |
| 主体色 | C 23 M 21 Y 46 K 0 |

△ 绿白配以原木色给人森林般的清新自然感

| 主体色 | C 21 M 31 Y 39 K 0 |
| 点缀色 | C 60 M 20 Y 90 K 0 |

△ 通过绿植的点缀丰富空间色彩的层次感

亮色点缀

运用亮色作为点缀色也是北欧风格常见的一种色彩搭配方案。例如以浅色为背景墙的客厅，如果仅仅使用原木色的搭配，凸显不出色彩的特色，这时选用色彩鲜艳的家具或饰品进行搭配，可增加空间的层次感和亮度。此外，在黑白灰为主色的空间中，通过各种色调鲜艳的布艺或挂画进行点缀，可烘托出北欧风格在色彩的表现上简单又不单调的独特气质。

[尚舍设计]

| 背景色 | C 10 M 10 Y 11 K 0 |
| 点缀色 | C 20 M 67 Y 100 K 0 |

△ 色彩鲜艳的家具单品是北欧风格空间的很好点缀

[成都初愈设计]

| 背景色 | C 32 M 23 Y 18 K 0 |
| 点缀色 | C 22 M 69 Y 62 K 0 |

△ 黑白灰空间中出现装饰画中的一抹亮色成为亮点

3 家具陈设

　　北欧风格的家具以简洁的几何线条特征闻名于世，通常保留自然木纹，如果刷漆的话一般漆成白色或者淡黄色，并且极少铺以软垫。

　　北欧风格家具大多出自著名的家具设计大师之手，形式上可分为原始的纯北欧家具、改革的新北欧家具、时代性的现代北欧家具。在设计上分为瑞典设计、挪威设计、芬兰设计、丹麦设计等，每种设计风格均有它的个性。丹麦家具以经典设计见长，除了塑造家具的可观性外，还要讲究其结构的实用性，充分考虑到人体的结构与家具的结构之间的协调性；芬兰家具着重自然灵性的设计，将其灵动性与家具有机融合，散发着天然的艺术气质；瑞典家具追崇现代的设计，采用松木、桦木材料，干净的线条勾勒出层叠式的结构；挪威家具传承了北欧原始的设计概念，强调家具的成熟稳重与淳朴自然，富有创意。

（北欧设计）

贴近自然的材质

使用原木是北欧风格家具的灵魂，北欧人习惯就地取材，常选用桦木、枫木、橡木、松木等木料，将原木自然的纹理、色泽和质感完全地融入家具中，并且不会选用颜色太深的色调，以浅淡、干净的色彩为主，最大限度地保留了北欧风格自然温馨的浪漫气息。

△ 呈现自然纹理的原木材质是北欧风格家具的特色之一

流畅明快的线条

北欧风格家具崇尚简约之美，因而在工艺方面也极力使家具的线条流畅明快。在北欧风格家具中，很少发现线条复杂的造型，主要是以直线和必要的弧线为主，过于复杂的曲线是几乎看不到的。桌子、椅子、沙发、茶几等外形虽不花哨，却相当实用耐看。

△ 简洁流畅的家具线条

艺术性与实用性相结合

北欧风格家具将艺术性与实用性结合起来，形成了一种既舒适实用又富有人性化的艺术美感。北欧家具的尺寸以低矮为主，在设计方面，多数不使用雕花、人工纹饰，但形式多样，具有简洁、功能化且贴近自然的特点。不仅将各种实用的功能融入简单的造型之中，从人体工程学角度进行考量与设计，强调家具与人体接触的曲线准确吻合，使用起来更加舒服惬意，而且外观上展现北欧独有的淡雅、朴实、纯粹的原始韵味与美感。

△ 北欧风格家具在造型简洁的同时，更注重实用功能

蛋椅		著名丹麦设计师纳·雅各布森于 1958 年为哥本哈根皇家酒店的大厅以及接待区设计了蛋椅。这个卵形椅子从此成了丹麦家具设计的样本。蛋椅采用玻璃钢内坯，外层是羊毛绒布或者意大利真皮，坐垫和靠背大小符合人体结构，内有定型海绵增加弹性，耐坐不变形
孔雀椅		孔雀椅是著名丹麦设计师汉斯维纳的代表作，椅背以多条木杆制成，形似孔雀，因而得名。而其采用编织方式制作，也是一个很重要的特点，这种椅子在东南亚地区十分常见，一般用竹子、藤编制
球椅		球椅是著名设计师艾洛·阿尼奥在 1963 年设计的，球椅结构简单，上边是用半球，下面是旋转的支撑脚，可以 360 度旋转。球椅看似航天舱，不仅在外观上独具个性，而且塑造了一种舒适、安静的气氛，使用者坐在里面会觉得无比的放松
Y 形椅		Y 形椅名字来自于其椅背的 Y 字形设计，由椅子设计大师 Hans J. Wegner 设计于 1950 年。其灵感来自中国的明式家具，轻盈而优美的外形去繁就简，结合了意象上的抽象美与人机功能
潘顿椅		潘顿椅也被称作美人椅，它是全世界第一张用塑料一次模压成型的 S 形单体悬臂椅。潘顿椅外观时尚大方，有种流畅大气的曲线美，其舒适典雅符合人体结构。同时潘顿椅的色彩也十分艳丽，具有强烈的雕塑感
伊姆斯椅		伊姆斯椅是由美国设计师伊姆斯夫妇于 1956 年设计的经典餐椅，灵感来自法国的埃菲尔铁塔，他们利用弯曲的钢筋和成形的塑料制造这款经典的餐椅，优美的外形和实用功能使伊姆斯椅大受欢迎，流行至今
贝壳椅		贝壳椅是丹麦大师 Hans J. Wegner 的经典代表作之一，椅座和椅背的设计形似拢起的贝壳，弧度优美，轻柔地包裹身躯，能很好地缓解疲劳。简洁的艺术语言，在简单中追求丰富，在纯粹中呈现典雅

　　素淡雅致、简约并富有内涵，或许是许多人偏爱北欧风的原因之一，而灯饰最能体现出这一特性。北欧风格的空间除了喜用大窗迎接阳光外，在室内照明的规划上经常通过吊灯、台灯、落地灯、壁灯、轨道灯等多种类的灯混合使用，让居住空间产生暖意和明亮的感觉。

　　北欧房屋通常选择不做吊顶，当然有些老房子可能要隐藏杂乱的老结构，有些新的公寓可能要隐藏风管水管电路，会局部做一些吊顶，但原则上是能不吊顶就不吊顶。没有花哨的吊顶，吊灯也多选择简洁有力的造型。从材质上来说，无论是纸质、金属、塑料还是玻璃，吊灯都不会过于夸张，只是空间中的一个有趣点缀。

　　北欧风格和工业风格的灯饰有时候会有交叉之处，看似没有复杂的造型，但在工艺上是经过反复推敲过的，使用起来非常轻便并且实用。简单和时尚并存的北欧风情家具，搭配带有年代感的经典设计灯具，更能提升整体质感。选择灯具时应考虑搭配整体空间使用的材质，以及使用者的需求。

[菲拉设计]

△ 原木材质灯饰

原木灯饰

在灯饰的选择上，北欧风格清新而强调材质原味，适合造型简单且具有混搭味的灯饰，例如白、灰、黑等原木材质的灯饰。

金属灯饰

较浅色的北欧风空间中，如果出现玻璃及铁艺材质，就可以考虑挑选有类似质感的灯具。此外，北欧风格的装饰中有很多几何元素，灯饰也不例外，例如将一根根金属连接铸造成各种几何形状的灯具，中间简单地镶入一盏白炽灯，可打造出极简的北欧风格。

[K设计]

△ 长臂的金属壁灯可以随意调节照射方向

△ 金属灯饰与餐桌的桌脚材质形成呼应

树杈吊灯		树杈吊灯是手工制作的，外观呈不规则的立体几何结构，使用了铝＋亚克力的材质。它线条清晰，衔接角也比较有立体感，即使在不发光时，也能表现出时尚而又美观的气息
乐器吊灯		乐器吊灯是设计师从印度制作的黄铜容器获得灵感设计而成，这种吊灯分为小号长锥型、大号宽广型、中号饱满型。以黑色灯罩居多，圆润的亚光黑色表面与灯罩内部的黄色组合，既神秘又热情，令人感受到一种异域风情
魔豆吊灯		魔豆吊灯的设计灵感来源于蜘蛛，由众多圆形小灯泡组合起来，铁艺与玻璃的组合带来独一无二的美丽，同时灯罩具有通透性，使用者也可以轻易调节光线照射的方向，为空间创造惊喜和美感
Coltrane 吊灯		Coltrane 吊灯带有浓浓的极简主义和工业气息，竹筒的造型可通过调整线的长度，让吊灯产生不同的倾斜角度。每一个灯柱都独立存在，又相互结合成为一个整体，让光线有更多的展现空间
PH5 吊灯		PH5 吊灯适用于多种场合，有着丹麦设计中典型的简约且极致，圆润流畅的线条及质感散发出迷人的味道，即使是单一的纯色，也为家里添上一抹神秘且静谧的气质
AJ 系列灯		AJ 系列灯饰包括壁灯、台灯、落地灯三种，其中壁灯不管是室内还是室外都适用。AJ 系列灯饰的材质是精制铝合金，其线条简洁，造型流畅，没有多余的按钮，辨识度极高

5

布艺织物

北欧风格有着清新雅致的格调，最终完成的装饰效果也尽显青春气息，所以深受年轻人的喜欢。想要打造一个北欧风格的空间，需要精心地搭配窗帘、地毯、床品以及抱枕等软装布艺，并通过巧妙的色彩以及材质的选择，让空间更具美感。

简约线条和色块的窗帘

北欧风格以清新明亮为特色,若窗帘的颜色能与墙面、床、地面等房间内占较大比例的颜色相接近,可以增加整体风格融合的效果,这是窗帘搭配最有效的做法。白色、灰色系的窗帘是百搭款,简单又清新,只要搭配得宜,窗帘上出现大块的高纯度鲜艳色彩也是北欧风格中特别适用的。如果觉得纯色窗帘过于单调又不喜繁杂的设计,那么可以尝试一下拼色窗帘,无论是上下拼色还是左右拼色,颜色把控好就能带来眼前一亮的效果。同时也可以用小装饰品的颜色来呼应窗帘的颜色,这种做法更为巧妙,在空间上的对比呼应会更为强烈,居家氛围也更加活泼。

北欧风格家居讲究简单到极致,一般不会使用一些过于繁复的图案,简单的线条和色块才是北欧风最直接的写照。线条图案的窗帘简洁大方,给人一种清新雅致的感觉,其中条纹的窗帘既可以拓宽视线,同时又平衡着整个空间。在北欧风格的空间中,建议选择带白色的条纹,无论搭配在哪里都能起到缓冲的作用,视觉上会更加协调。整面都是条纹的窗帘适用在小尺度的空间,而较大的空间适合一部分留白,一部分做成条纹,这样不会让人眼花缭乱。

北欧风格的窗帘适合自然柔软的棉麻材质,亚麻属于天然材质,可以营造天然原始的感觉。

△ 简单图案的窗帘同样适合追求清新雅致格调的北欧风格空间

△ 灰色系的窗帘是北欧风格空间最为常见的选择

△ 选择拼色窗帘可以尝试与室内其他软装元素的色彩相呼应

简单图案和线条感强的地毯

北欧风格的地毯有很多选择，一些简单图案和线条感强的地毯可以达到不错的装饰效果。黑白两色的搭配是配色中最常用的，同时也是北欧风格地毯经常会使用到的颜色。

◇ 单色地毯

单色系的地毯能为房间带来纯朴、安宁的感觉。例如灰色织物地毯能很好地融入黑白灰色调的家居搭配，为空间提供一个柔软暖和的界面；浅色地毯可与白墙面在视觉上取得协调，与黑灰系的家具构成反差，同时简洁干净的色调会更有力地烘托出地毯表面暖洋洋的材料质感。对于木质家具及地板，也可以选用与其色感协调、沉稳大方的暖咖啡色地毯做搭档。

△ 单色地毯

◇ 多色地毯

多色拼接的地毯可以是较和谐的相近色搭配，也可以是富于张力的对比色撞接。恰当的色彩组合能够活跃整个空间，成为房间布置的点睛之笔。此类型尤其适合客厅、过道等公共区域，并且通常面积不宜太广。地毯上的色块适当与家具、地板、沙发、靠垫以及挂画的用色在视觉上形成互动，可以让家居空间表现出理性的和谐。

[于计设计]

△ 多色地毯

◇ 几何线条式地毯

几何线条式地毯极富设计感和构成感。无论是直线、斜线还是北欧风格中常见的菱形，几何的秩序感与形式美都可以呼应并强化空间整体的简洁特征。例如黑色菱形纹理能够完美契合北欧家居所惯用的、构成感十足的黑色线条，如画框、玻璃框、灯杆、茶几等；黑白粗线条纹理较为沉稳有力，可以搭配黑白灰系的沙发、坐垫以及挂画与其相映成趣；疏落的几何直线条与木色地板、家具相配合，便可为室内营造一种宁谧、雅致的气氛。

△ 几何线条式地毯

◇ 兽皮地毯

利用整张兽皮制作成的地毯充满个性，由于取材于自然，它们大多具有独特的形状轮廓。兽皮地毯面积一般不会太大，布置与地板色泽反差强烈的不规则形地毯可以巧妙地建立一种图底关系。有深褐色泽的兽皮蕴含着一种原始的野性，铺在色感相近的地面上可以带给房间一种韵味悠长、舒适温馨的协调。

△ 兽皮地毯

◇ 带图案类地毯

北欧风地毯的装饰图案不会过于绚烂，常常是在平淡中流露出雍容和美丽，这类地毯也宜选择重点处布置，并做到突出而不突兀。如果整个房间的布置都是黑白灰的北欧基调，那么搭配同类色系图案的地毯往往能与空间形成最为完美的契合。

△ 带图案类地毯

单一色彩的床品

北欧风的卧室中常常采用单一色彩的床品，多以白色、灰色等色彩来搭配空间中大量的白墙和木色家具，形成很好的融合感。如果觉得单色的床品比较单调乏味，可以挑选暗藏简单几何纹样的淡色面料来做搭配，会让空间氛围显得活泼生动一些。

△ 单一色彩的床品可为北欧风格卧室营造纯朴安静的氛围

兼具舒适和装饰功能的抱枕

打造北欧风格家居，兼具舒适和装饰功能的抱枕必不可少。经典的北欧风格抱枕图案包括黑白格子、条纹、几何图案的拼凑、花卉、树叶、鸟类、人物、粗十字、英文字母 logo 等，材质从棉麻、针织到丝绒不等，不同图案、不同颜色、不同材质的混搭效果更好。在造型上大多为正方形或者长方形，不带任何边饰。

△ 北欧风格抱枕

软装饰品

北欧风格秉承着少中见多的理念，选择精妙的饰品加上合理的摆设可以将现代时尚设计思想与传统北欧文化相结合，既强调了实用因素又强调了人文因素，从而使室内环境产生一种富有北欧风情的家居氛围。

质感清新自然的摆件

北欧风格质朴天然，空间主要使用柔和的中性色进行过渡，自然清新，饰品相对比较少，大多数时候以植物盆栽、相框、蜡烛、玻璃瓶、线条清爽的雕塑进行装饰。此外，围绕蜡烛而设计的各种烛灯、烛杯、烛盘、烛托和烛台也是北欧风格的一大特色，它们可以应用于任何房间，给寒冷的北欧带来一丝温暖。

△ 原木色相框增添家中的温馨氛围

△ 玻璃器皿具有简洁宁静且清新自然的特质

麋鹿头和墙面挂盘

　　麋鹿头的墙饰一直都是北欧风格的经典代表，凡是有北欧风格的家装里，大多会有这么一个麋鹿头造型的饰品作为壁饰。打猎运动曾风靡欧洲，人们喜欢把打猎来的动物制成标本，挂在客厅，以向客人展示自己的能力、勇气和打猎技术。这种习惯延至今日，如今提倡保护动物，麋鹿头多是以铜、铁等金属或木质、树脂为材料的工艺品。

　　墙面挂盘也能表现北欧风格崇尚简洁、自然、人性化的特点，可以选择简洁的白底，搭配海蓝鱼元素，清新纯净；也可将麋鹿图样的组合挂盘，挂置于沙发背景墙，为家增添一股迷人的色彩。

△ 在北欧童话故事中象征森林精灵的麋鹿头挂件

△ 白底黑色图案的挂盘体现北欧风格简洁自然的特点

△ 烛台是北欧风格中必不可少的软装元素

接近几何形态的绿植

真正适合北欧风格的花艺应该是融入整个家庭环境之中，不浮夸不跳脱，追求与自然高度共存，同时又彰显生活品质。

北欧风格的植物蓬勃扎实，形态接近几何形，而不是日式的行云流水的感觉。低饱和度色彩的花束以及绿植都是完美的组合，这样也能跟本身明亮白净的室内设计产生对比的效果。例如琴叶榕因其叶片形状酷似小提琴而得名，已经成为北欧风格家居的标配；小型的橄榄树在北欧家居中经常出现，深绿的叶片很好地中和了北欧风格家居常有的冷色调，为家庭气氛增添生机。

北欧风格花器基本上以玻璃和陶瓷材质为主，偶尔会出现金属材质或者木质的花器。花器的造型基本呈几何形，如立方体、圆柱体、倒圆锥体或者不规则体。

△ 仙人掌是十分适合北欧风格空间的绿植之一

△ 麻袋作为绿植的容器更能让人感觉到自然的气息

充满现代抽象感的装饰画

北欧风格的房间一般会有大片的白色，用以突出它简洁、明亮的风格特点，但大片留白很容易给人一种单调冷清的感觉。装饰画的搭配就可以很简单有效地解决这个问题。

以简约著称的北欧风，既有回归自然崇尚原木的韵味，也有与时俱进的时尚艺术感，装饰画的选择应符合这个原则。最常见的是充满现代抽象感的画作，内容可以是字母、马头形状或者人像，再配以简而细的画框，非常利于营造自然清新的北欧风情。

注意偏古典系列和印象派的人物、花鸟画作都不太适合北欧风格。此外北欧风格的家居中装饰画的数量应少而精，并注意整体空间的留白。

△ 充满现代抽象风格的画作是北欧风格空间的首选

◇ 照片墙

在北欧风格中，照片墙的出现频率较高，其轻松、灵动的身姿可以为北欧家居带来律动感。有别于其他风格的是，北欧风格的照片墙、相框往往采用木质制作，和其本身质朴天然的风格协调统一。

△ 照片墙为北欧风格家居注入更多的生活气息

彰显温暖与质朴的餐桌摆饰

北欧风格以简洁而著称，偏爱天然材料，原木色的餐桌、木质餐具的选择都能够恰到好处地体现这一特点，使空间显得温暖与质朴。不需要过多华丽的装饰元素，几何图案的桌旗是北欧风格的不二选择。除了木材，还可以点缀以线条简洁、色彩柔和的玻璃器皿，但总体以保留材料的原始质感为佳。

[孙敏靖]

△ 带有几何图案的桌旗为深色的餐厅空间注入新鲜活力

△ 北欧风格餐桌摆饰中常伴有玻璃器皿的出现

[清羽设计]

△ 木质元素和烛台是北欧风格餐桌摆饰的两个重点

32

★★★★★
特邀点评专家
李萍

从事室内设计十五年，专注住宅空间设计与软装陈设，作品屡获大奖并多次荣登各类家居杂志。对设计有独到的见解，认为好设计是用艺术的方式解决空间的问题；作品以简约精巧见称，追求创意与永恒，重视居家的舒适，以个性鲜明且富有质感的设计品位点缀，力求优化生活环境。

[贺泽设计]

Q | 风格主题
风格剖析 | **白色与原木的合奏**

白色清爽没有沉闷的压迫感，打造出了开阔和优雅的生活空间。空间墙面采用了柔和的象牙白色，有效避免大面积白色产生的反光效果。家具采用充满自然气息的原木，黑色的桌面和椅子点缀其中并拉开了层次。明黄色系的插花和水果回归生活本源。块面简洁的椅子强调了使用功能，并瞬间活跃了空间气氛。

设计课堂 | 白色属于中性色，可以和任何冷暖色搭配。大面积的白色给人一种轻快明亮的感觉，对比度使用越低，空间的舒适柔软度则会越高，反之亦然。

[庆于计设计]

Q | 风格主题
风格剖析 | **自然生趣的家**

本案是一个简单清新的北欧风格空间，采用了线条简洁但注重舒适度的家具。空间装饰以几何图案为主题，运用在了地毯和抱枕上。黄色与蓝灰色的对比，以及黑色与白色的对比，打破了空间的单调感。沙发背景墙以文字、水果、动物元素装饰，自然且随意。壁灯巧妙地和空间融为一体，打造出了富有层次的灯光效果，而且恰到好处地装点了空间。

设计课堂 | 黑白对比不仅可以搭配任何颜色，而且富有品质感，大气沉稳又不失优雅。几何图案通常可以避免空间的中规中矩，从而增加了视觉冲击力，强化了空间效果。

[伏见设计]

[境壹空间设计]

Q | 风格主题 风格剖析 | **现代北欧**

在阳光充足的环境中，无论是墙壁还是天花板，甚至窗帘、沙发和椅子都被亮白色的温柔笼罩。灰色与亮黄色沙发的互相搭配，丰富了色彩的层次，体现出清新气质和美感。吊顶彩色的装饰参差注入，为空间增添无尽的灵动感，青春而又浪漫。

设计课堂 | 白色空间配以浅色木纹，通过个性的家具单品来营造空间的与众不同；每一件家具不一定是同品牌，但是注重主要木作家具材质颜色的统一协调性并融入空间，即可将不同的家具有效组合在一起，丰富空间。

Q | 风格主题 风格剖析 | **自然的木色空间**

雅致的白色空间，配以不同的自然材质，如素朴的麻质地毯、简约线条的木作单品、斑驳的做旧木板，为空间带来了和谐宁静的氛围。柔性灰色的布艺沙发和窗帘拉开了空间的层次。水泥质地的地面和花盆单品，赋予了空间中性的气质，一缕斜阳和软布坐凳，则给家居生活带来了柔软舒适的体验。精心挑选的造型榕树和小型盆景，体现出了主人热爱生活的浪漫情调。

设计课堂 | 灰色属于中性色的一种，跟冷色、暖色搭配起来都很好看。柔和的中性灰更是不会出错的颜色，而且不易过时。

Q | 风格主题 风格剖析 | **北欧风情**

灰色的墙面配以浅色的原木地板，柔和而舒适。孔雀蓝色的墙面搭配棕色的木作家具，加强了空间对比。强烈的对比打破了安静柔和的氛围，带来了强烈的视觉冲击。采用黑色的铁艺装饰架和黑色的椅子，缓和了空间里的冲突。人物为主题的抽象装饰画、热闹的暖黄色系，为家居环境增加了快乐表情。镜面映衬绿色植物的造景，为空间巧妙地增添了生机。

设计课堂 | 镜子会反光，在家中不宜过多地使用，但是如果能恰到好处地摆放，不仅可以满足使用功能，而且还可以增加空间的通透感，达到映衬美好事物的效果。

第 二 章　Interior Decoration Style

工 业 风 格

室 内 装 饰 风 格 手 册

风格要素

风格起源

工业风格起源于 19 世纪末的欧洲，是在工业革命爆发之后，以工业化大批量生产为背景发展起来的。最早是将废旧的工业厂房或仓库改建成的兼具居住功能的艺术家工作室，这种宽敞开放的 Loft 房子的内部装修往往保留了原有工厂的部分风貌，逐渐地，这类有着复古和颓废艺术范儿的格调成为一种风格。

工业风格产生时就是巴黎地标——埃菲尔铁塔被造出来的年代。很多早期工业风格家具，正是以埃菲尔铁塔为变体。它们的共同特征是金属集合物，还有焊接点、铆钉这些暴露在外的结构组件；更靠后的设计又融进了更多装饰性的曲线。

过去的工业风格大多数出现在废弃的旧仓库或车间内，改造之后脱胎换骨，成为一个充满现代设计感的空间，也有很多出现在旧公寓的顶层阁楼内。现在的工业风格可以出现在都市的任何一个角落，但是没有必要为此改变工业风格的原貌，工业风格与华丽炫耀无关，它只是回到原点——原始的工业美学。

△ 利用废弃的旧仓库改建而成的咖啡馆

△ 工业风格办公室的室内装饰保留了原有工厂的部分风貌

✐ 风格特征

工业风大多运用于男性居住者的家里，或者运用在一些有特色的商业空间，例如餐厅、咖啡厅、酒吧等，中性和硬朗是人们对这种风格的主要印象。

工业风格在设计中会出现大量的工业材料，如金属构件、水泥墙、水泥地，做旧质感的木材、皮质元素等。格局以开放性为主，通常将所有室内隔墙拆除掉，尽量保持或扩大厂房宽敞的空间感。这种风格用在家居领域，给人一种现代工业气息的简约、随性感。

工业风格的墙面多保留原有建筑的部分容貌，比如墙面不加任何的装饰把墙砖裸露出来，或者采用砖块设计，或者涂料装饰，甚至可以用水泥墙来代替；为了强调空间的工业感，室内会刻意保留并利用那些曾经属于工厂车间的材料设备，比如钢铁、生铁、水泥和砖块，有时候旧厂房内的燃气管道、管道灯具或者空调设备都会被小心地保留下来；室内的窗户或者横梁上都做得铁锈斑驳，显得非常的破旧；在天花板上基本上不会有吊顶材料的设计，若出现保留下来的钢结构，包括梁和柱，稍加处理后尽量保持原貌，再加上对裸露在外的水电线和管道线通过颜色和位置上合理的安排，组成工业风格空间的视觉元素之一；工业风格的地面最常用水泥自流平的处理，有时会用补丁来表现自然磨损的效果。除此之外，木板或石材也是工业风格地面材料的选择。

工业风格的基础色调无疑是黑白色，辅助色通常搭配棕色、灰色、木色，这样的氛围对色彩的包容性极高，所以可以多用彩色软装、夸张的图案去搭配，中和黑白灰的冰冷感。除了木质家具，造型简约的金属框架家具也能带来冷静的感受，虽然家具表面失去了岁月的斑驳感，但金属元素的加入更丰富了工业感的主题，让空间利落有型。丰富的细节装饰也是工业风表达的重点，同样起着饱满空间及增添温暖感与居家感的作用，油画、水彩画、工业模型等会有意想不到的效果。

△ 保留材质的原始质感是工业风格的特征之一

△ 工业风的空间格局以开放为主，尽量保持宽敞的空间感

△ 整体的黑白灰色调营造出冷静与理性的质感

装饰要素

01 原始水泥墙面

水泥是工业风的最佳搭档

02 裸砖墙

砖块与砖块中的缝隙可以呈现有别于一般墙面的光影层次，裸砖墙也常进行黑白灰颜色的粉刷

03 裸露管线

不刻意隐藏各种水电管线，而是透过位置的安排以及颜色的配合，将它化为室内的视觉元素之一

04 黑白灰基调

工业风常使用朴素简单的黑白灰基调

05 做旧原木家具

原木能完整地展现木纹的深浅与纹路变化，尤其是老旧木头更有质感

06 做旧皮质沙发

做旧皮质沙发衬托工业风粗犷而怀旧的气质

07 铁管件元素家具

旧工业零件常在工业风家具中出现

08 复古灯饰

造型简单、工艺做旧的工业吊灯，裸灯泡、爱迪生灯泡等突出工业风的简单直接

09 齿轮挂件

旧工业机械零件元素装饰

10 老旧物件装饰

老打印机、电话、缝纫机、相机等是打造怀旧风常见的装饰元素

01

原始水泥墙面

02

裸砖墙

03

裸露管线

04

黑白灰基调

05

做旧原木家具

06

做旧皮质沙发

07

铁管件元素家具

08

复古灯饰

09

齿轮挂件

10

老旧物件装饰

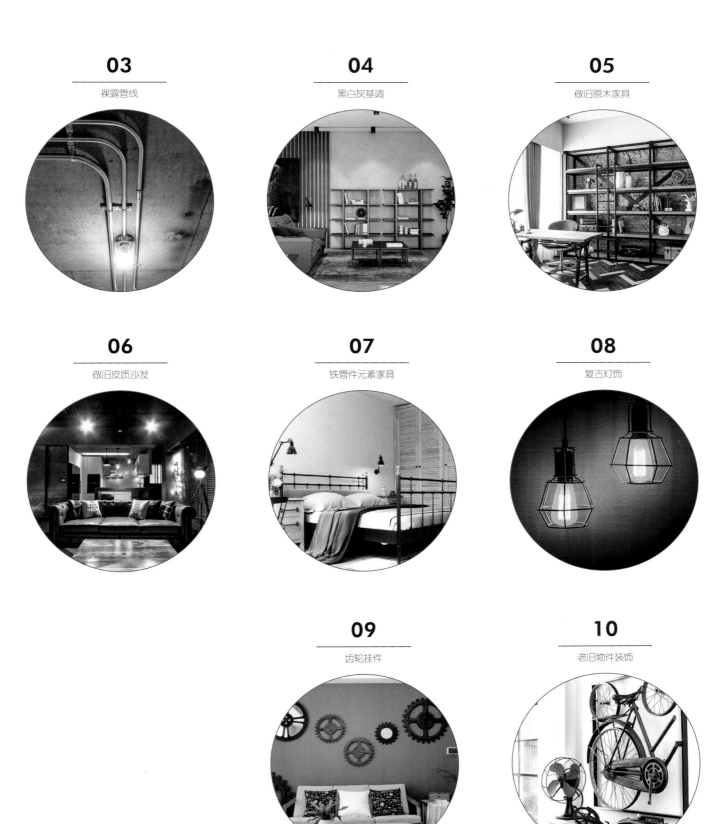

2

配色美学

　　工业风格给人的印象是冷峻、硬朗而又充满个性，因此工业风格的室内设计中一般不会选择色彩感过于强烈的颜色，而会尽量选择中性色或冷色调为主调，如原木色、灰色、棕色等。而最原始、最单纯的黑白灰三色，在视觉上就带给人简约又神秘的感受，反而能让复古的风格表现得更加强烈。另外裸露的红砖也是工业风常见元素之一，如果担心空间过于冰冷，可以考虑将红砖墙列入色彩设计的一部分。

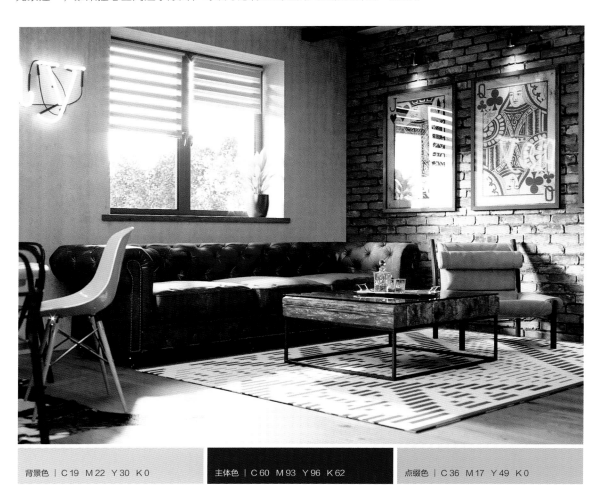

| 背景色 | C 19　M 22　Y 30　K 0 | 主体色 | C 60　M 93　Y 96　K 62 | 点缀色 | C 36　M 17　Y 49　K 0 |

黑白灰色系

黑白灰是最能展现工业风格的主色调，作为无色系的它们营造的冷静、理性的质感，就是工业风的特质，而且可以较大面积地使用。黑色的冷酷和神秘，白色的优雅和轻盈，两者混搭交错又可以创造出更多层次的变化。此外，黑白灰更容易搭配其他色系，例如深蓝、棕色等沉稳中性色，也可以是橘红、明黄等清新暖色系。如此的色彩搭配，不失工业风格本该有的冷艳，又充满了生气。

[春雨时尚设计]

背景色	辅助色	点缀色
C0 M0 Y0 K0	C0 M0 Y0 K100	C 53 M 71 Y 100 K 21

△ 黑白灰的工业风空间适合与棕色、深蓝色等沉稳的中性色搭配

背景色	主体色	辅助色
C0 M0 Y0 K50	C0 M0 Y0 K100	C0 M0 Y0 K0

△ 黑白色的搭配使用创造出更多的层次变化

裸砖墙 + 白色

裸砖墙一度在家居装修中受到了冷落，因为暴露的砖墙往往给人不修边幅的感觉。而随着工业风格的流行，越来越多的人开始被裸露砖墙的外观所吸引，因为没有什么可以比砖墙更能表现工业风了，它所营造的工业又时尚的空间氛围，总能一跃成为房间的亮点，吸引所有注视的目光。而裸砖墙与白色是最经典的固定搭配，原始繁复的纹理和简约白形成互补效果，让明亮的空间添加了一抹柔和的工业风。

背景色	C 45 M 65 Y 87 K 7	背景色	C0 M0 Y0 K0

△ 裸砖斑驳的质感与简约的白色形成互补效果

局部黑色

很多家居空间都避免选用黑色，因为它在人们的固有思维中一般指悲伤、暗沉、邪恶等。但黑色的适当运用能使工业风更加浓重，不管是客厅还是卧室。如果不想显得空间氛围太压抑，可以避免使用大面积的黑色，将窗户、暖气，甚至管道喷成黑色更显质感，也可把隔断、衣柜都用黑框加玻璃的搭配，通透性增强的同时，稳重的绅士感也直线上升。

辅助色 | C 0 M 0 Y 0 K 100

△ 在一些局部的装修细节上加入黑色更显质感

原木色 + 灰色

工业风格给人的印象是冷峻、硬朗以及充满个性，原木色、灰色等低调的颜色更能凸显工业风格的魅力所在。相比白色的鲜明，黑色的硬朗，灰色则更内敛。如果白色是中和裸砖墙工业风的柔软调和剂，那么灰色则添加了一抹暗抑的美感。作为黑白的中间色，灰色显得更加沉稳。如果不想大面积使用灰色，怕整间屋子显得相对压抑，那么摆个灰色元素的家具也是个不错的选择。窗帘、地毯、床单这些软装也能融入中性灰的元素，而且更换十分方便，不用担心视觉疲劳。

背景色 | C 0 M 0 Y 0 K 60   主体色 | C 35 M 45 Y 50 K 0
△ 灰色调墙面与显现自然纹理的原木给人一种自然质朴的感受

背景色 | C 0 M 0 Y 0 K 40   背景色 | C 36 M 53 Y 70 K 0
△ 水泥和原木色的搭配使用在工业风中营造出一种神秘的绅士气质

亮色点缀

　　工业风格的墙面常选择灰色、白色，地面以灰色、深色木地板居多，水泥自流平地面的应用也十分普遍。由于原材料的朴实加灰色调，需要张扬的艳丽色彩进行视觉的冲击，可选择具有较强视觉冲击力的红、黄、蓝等高纯度的颜色。

背景色 |
C 32　M 23　Y 20　K 20

点缀色 |
C 20　M 15　Y 80　K 0

△ 柠檬黄的适当点缀可成为空间中引人注目的小亮点

背景色 |
C 55　M 42　Y 46　K 0

点缀色 |
C 25　M 91　Y 83　K 0

点缀色 |
C 10　M 60　Y 90　K 0

△ 通过后期软装布艺的色彩缓和大面积水泥墙地面带来的冷感

3

工 | 业 | 风 | 格

家具陈设

　　工业风格的空间对家具的包容度很高，可以直接选择金属、皮质、铆钉等工业风家具，也可以选择现代简约家具。例如选择皮质沙发，搭配海军风的木箱子、航海风的橱柜、Tolix 椅子等。工业风格空间中常见金属骨架与原木结合的柜体，一格格抽屉，有一种中式药材柜的感觉。很多工业风格的餐桌、书架、储物柜以及边几的底部经常带有轮子，还有些餐桌可以折叠。工业风格的桌几常使用回收旧木或是金属铁件，质感上较为粗犷。茶几或边几在挑选上应与沙发材质有所呼应，例如木架沙发，可搭配木质、木搭玻璃、木搭铁件茶几或旧木箱；皮革沙发通常有金属脚的结构，可选择金属搭玻璃、金属搭木质、金属搭大理石等。

◇ Tolix 椅

Tolix 椅是经典的工业风格椅，于 1934 年由 Xavier Pauchard 设计，一直被全世界时尚设计师所宠爱，是一把有味道、有态度的椅子。它早期是作为户外用家具设计，被全世界时尚设计师所宠爱之后，它顺利从室外扩展到家居、商业、展示等多个用途。

金属家具

工业风格的空间离不开金属元素，金属质地的家具是首选，但是金属家具过于生硬冰冷，一般采用金属与木材制造，或者铁、木结合，表面通常刷中性色油漆，如灰色、白色和土色等。工业风格中不得不说的元素便是铁艺制品，无论是楼梯、门窗还是家具甚至配饰，都可以大胆使用。

△ 金属材质的家具是打造工业风格空间的首选

原木家具

工业风格的家具常有原木的踪迹。许多铁制的桌椅会用木板作为桌面或者是椅面，如此一来就能够完整地展现木纹的深浅与纹路变化。尤其是老旧、有年纪的木头，做起家具来更有质感。最常出现的是实木或拼木桌板配铁制桌脚，但桌脚的造型要跟空间主体的线条相互配合。使用原木，可以中和工业风格的冰冷感，但要注意平衡好铁艺与木质元素在空间里的比例，不要让人产生不协调的感觉。

△ 在工业风格空间中，做旧的原木家具经常搭配铁制桌脚

皮质家具

皮质家具非常具有年代感，特别是做旧的质感很有复古的感觉，所以皮质家具也是工业风格搭配中的关键。有别于细心染色处理的皮料，工业风格擅长展现材料自然的一面，因此选择原色或带点磨旧感的皮革，颜色上以深棕或黄棕色为主。皮质经过使用后会产生自然龟裂并改变色泽，提升工业风格历史悠久的独特韵味。

△ 表面带有磨旧质感的皮质沙发能更好地展现复古的感觉

4 灯饰照明

在工业风格的装修中，灯的运用极其重要。灯饰的选择除了金属机械灯之外，也会选择同为金属材质的探照灯，独特的三角架造型好像电影放映机，不但营造十足的工业感，还有画龙点睛的作用。另外，也可选择带有鲜明色彩灯罩的机械感灯饰，在美化空间的同时，还能平衡工业风格冷调的氛围。此外，黑色金属台扇、落地扇或者吊扇等也经常应用于工业风格空间。因为工业风格整体给人的感觉是冷色调，色系偏暗，可以多使用射灯，增加局部空间的照明，舒缓工业风格居室的冷硬感，射灯照明即便是在白天，也具有很强的装饰性。

◇ Dear Ingo 吊灯

2005 年由 Ron Gilad 设计，灵感来源是一般的悬臂式台灯，将 16 支独立物件，组合成一支气势磅礴的大型吊灯，每一支皆可依所需的照明效果自由调整角度，不但实用且装饰效果十足，把一个原本不起眼的吊灯，瞬间变成整个空间的话题。

📝 金属灯饰

　　工业风格灯饰的灯罩常用金属材质的圆顶造型，表面经过搪瓷处理或者模仿镀锌铁皮材质，而且常见以绿锈或者磨损痕迹的做旧处理。很多工业风格空间中常将表面暗淡无光与明光锃亮的灯饰混合使用。

△ 表面做旧的金属灯饰具有鲜明的个性特征，让人充分感受到空间的冷峻氛围

📝 双关节灯饰

　　双关节灯饰最容易创造工业风格，简约而富有时代感，除了台灯之外，落地灯、壁灯、吸顶灯也都具有类似风格，简洁的线条、笔直的金属支架、半球灯罩、无过多浮华粉饰，却尽显岁月沧桑。

△ 双关节灯饰

📝 网罩灯饰

　　早期的工业风格灯饰大多带有一个金属网罩用于保护灯泡，因此网罩便成为工业风格灯饰的一大特点。发展到今天，网罩灯饰常用金属缠绕管制造，材质包括铝、不锈钢、镀锌钢和黄铜等，制造出别具特色的台灯、落地灯、壁灯和吊灯。

△ 网罩灯饰

△ 带网罩的吊灯让人仿佛走进那个触手可及的工业时代，感受着不一样的艺术形式

📝 裸露的灯泡

　　迷恋工业风格的人们一定对各式裸露的钨丝灯泡情有独钟，昏暗的灯光，隐约可以看到不同钨丝缠绕的纹理，能提升整个室内空间硬朗的工业风气质。

△ 裸露在外的灯泡有种 20 世纪 80 年代的歌舞厅质感，尽显工业风格的复古怀旧之情

📝 麻绳吊灯

　　粗犷的麻绳吊灯是工业风格设计的一个亮点，保留了材质原始质感的麻绳和现代感十足的吊灯组合，对比强烈，也体现了居住者不俗的艺术品位。

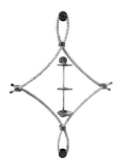

△ 麻绳灯饰

布艺织物

外露的钢筋、不修饰的砖墙，这些都成为工业风格的特色，然而正因为是从工厂、仓库衍生而来，这些过去是作为堆放物品及设备的环境，如今要改为人居住使用，势必需要加入一些适合居住使用的布艺，如窗帘、地毯、抱枕等，使用起来更为舒适，也可缓和过于单调和冰冷的工业感。在工业居家风格中所使用的布艺，通常选择质地明显且相对粗犷、纹理清晰的类型。

INHOUSE 设计

肌理感较强的棉布或麻布窗帘

工业风格的窗帘一般选用暗灰色或其他纯度低的颜色，这样能够跟工业风黑白灰的基调更加协调，有时也经常会用到色彩比较鲜明或者是设计感比较强的艺术窗帘。窗帘布艺的材质一般采用肌理感较强的棉布或麻布，这样更能够突出工业风格空间粗犷、自然、朴实的特点。工业风格的窗帘安装方式可采用窗栏杆明装，因为工业风格最突出的特性就是管线外露，呈现一种程式化的机械感，明装的窗帘恰好能够跟其相吻合。

△ 暗灰色窗帘是工业风格空间的常见选择，并且更能衬托粗糙质感的砖墙带来的复古感

△ 低饱和度色彩的窗帘搭配黑白灰的基调，令空间温馨且有层次

中性色调的床品

对比机械元素的复杂效果，工业风格的床品布艺则要显得精简许多。床品大都选择与周围环境相呼应的中性色调，偶尔加入一些质地独特的布艺，可以起到提亮空间的作用。比如与金属元素相差极大的长毛块毯，可以柔和卧室中的冷硬线条。此外，工业风格卧室中没有传统的床裙或者床罩等。

△ 中性色床品搭配大面积的水泥墙面，给人一种旧时代的质朴与直白

△ 长毛块毯拥有天生的温柔感和温暖的触感，可以中和诸多工业材料带来的冷感

粗犷质感的地毯

地毯的应用在工业风格的空间当中并不多见，大多应用于床前或沙发区域，地毯的选择必须要融入整体的风格，粗糙的棉质或者亚麻编织地毯能更好地突出粗犷与随性的格调，未经修饰的皮毛地毯也是一个很好的选择。

△ 未经修饰的皮毛地毯

△ 地毯

表面做旧磨损的抱枕

工业风格追求的是一种斑驳而又简单的美，在通常情况下工业风格整体的色彩多采取中性色，会让人感到一丝冷感。抱枕虽小，却是营造温暖感的极佳元素之一。工业风格的抱枕多选用棉布材质，表面呈现出做旧、磨损和褪色的效果，通常印有黑色、蓝色或者红色的图案或文字，大多数看起来像是货物包装麻袋的感觉，复古气息扑面而来。

△ 工业风格的抱枕大多选用棉布材质，而且表面会呈现出做旧、磨损和褪色的效果

6

软装饰品

工业材料经过再设计打造的饰品是突出工业风格艺术气息的关键。选用极简风的金属饰品、具有强烈视觉冲击力的油画作品，或者现代感的雕塑模型作为装饰，会极大地提升整体空间的品质感。这些小饰品体积不大，如果搭配得好，不仅能突出工业风格的粗犷感，而且能彰显其独特的艺术品位。

怀旧特色的摆件

工业风格的室内空间无须陈设各种奢华的摆件，越贴近自然和结构原始的状态越能展现该风格的特点。装饰摆件通常采用灰色调，用色不宜艳丽，常见的摆件包括旧电风扇、旧电话机或旧收音机、木质或铁皮制作的相框、放在托盘内的酒杯和酒壶、玻璃烛杯、老式汽车或者双翼飞机模型。工业风格的摆件适合凌乱、随意、不对称，小件物品可选用跳跃的颜色点缀。

△ 烛台

△ 旧电话机

△ 暴露焊接点、铆钉等结构组件是工业风格家具的最大特色

△ 电风扇灯独具怀旧复古的质感，能够将工业的味道最大限度地呈现出来

表现原生态美感的挂件

工业风格更关注材料的本来面貌，墙面特别适合以金属水管为结构制成的挂件，如果家中已经完成所有装修，无法把墙面打掉露出管线，那么这些挂件会是不错的替代方案。把原生态的美感表现出来，是工业风格装饰所突出的主题。此外，超大尺寸的做旧铁艺挂钟、带金属边框的挂镜或者将一些类似旧机器零件的黑色齿轮挂在沙发墙上，也能感受到浓郁的工业气息。

△ 工业机械零件的装饰挂件

△ 超大尺寸的做旧铁艺挂钟

📝 增加自然气息的花艺与绿植

传统的工业风格总是离不开铁艺、水泥、混凝土以及裸露的管线，粗犷的风格很适合追求个性的男性业主，但可能少了些女性的精致。将花艺与绿植融入工业风格的设计中，不仅使得刚柔并济，更能感受扑面而来的大自然气息，让人神清气爽。

工业风格经常利用化学试瓶、化学试管、陶瓷或者玻璃瓶等作为花器。绿植类型上偏爱宽叶植物，树形通常比较高大，与之搭配的是金属材质的圆形或长方柱形的花器。

△ 绿植既可以打破工业风格的冰冷感，更能让人感受扑面而来的自然气息

📝 起到点缀作用的装饰画

在工业风格空间的砖墙上搭配几幅装饰画，沉闷冰冷的室内气氛就会显得生动活泼起来，也会增加几分温暖的感觉。挂画题材可以是具有强烈视觉冲击力的大幅油画、广告画或者地图，也可以是一些自己的手绘画，或者是艺术感较强的黑白摄影作品。

△ 利用照片墙增添空间的文艺气息

📝 带有醒目中心饰物的餐桌摆饰

工业风格的餐桌摆饰具有整洁干净的特点，餐盘一般都没有彩绘图案，以素雅的白色陶瓷为主。餐桌上通常不布置桌布或者桌巾，但在餐桌的中心往往会有一个很醒目的饰品，例如几个硕大的玻璃烛杯、装着几个经过干燥的南瓜的木盒，或者是铁艺材质的分层果盘等。

△ 工业风格餐桌摆饰中常见的铁艺分层果盘

★ ★ ★ ★ ★

特邀点评专家

白帆帆

古风音乐圈非著名词作者，室内设计联盟特约讲师，空·白设计组执行总监，浙江省青年设计师百强，营造空间住宅类金奖提名。致力研究中国传统文化，并导入现代设计语境。提倡"法古从今"的设计思想。

风格主题
风格剖析 | **斑驳的童年记忆**

顶面斑驳的原木以及条条裂纹，无声地述说着岁月的痕迹，让空间的自然气息表露无遗，搭配凹凸不平的老砖墙，让置身于钢筋水泥中的现代人，感受到了粗犷的自然气息。家具以简洁的线织圆椅与舒适的布艺沙发搭配，和餐厅里的伊姆斯家具相呼应，同时和柜体的峻酷黑白相得益彰。不远处悬挂着的几件衣服道出了惬意的生活气息。

设计课堂 | 硬装中用较为原始的材质，如老木头、斑驳的老砖墙，以粗犷的材质来体现自然气息。此时就不再适宜搭配具有精致感的家具和配饰，可以使用稍显粗犷的工业风格配饰来提升空间自然舒适的氛围。此外，适当的一点绿植，就会让空间充满惬意。

风格主题
风格剖析 | **暖色浮余生**

混凝土和白色墙面互为映衬，光线柔和地照射在墙面，呈现出细腻与粗犷并存的光影质感。章鱼灯闲散地垂落，在黑白灰的远景中，指向线条感强烈的镂空铁艺椅。铁艺家具的冷峻和混凝土的硬朗交相辉映，原木色的温暖恰如其分地柔化了空间的刚性，让空间峻酷而不生冷。铁艺的工矿灯自然地垂射在吧台上，不锈钢水壶和卷心菜在灯光的照射下熠熠生辉。

设计课堂 | 当粗粝的混凝土和工业感极强的铁艺家具共同出现时，可以考虑使用温暖的原木来中和空间中的冷硬，原木的温暖在指尖划过，让粗犷的金属不会显得那么清冷，再搭配生活化的绿植与花艺，让空间整体更为宜居。

简析淡然的安谧生活

空间顶部未做吊顶，将梁体和管路予以裸露，并整体喷涂成了浅灰色，更好地保留了顶部空间，有效释放了层高。白色的厨房组合让空间更显精致，浅绿色的铁艺灯具，更是让空间在粗犷中增添了一丝优雅。浅棕的原色皮革沙发，不经意地搭放着米灰色的布幔和抱枕，提升了空间的温馨感。铁艺茶几上随意摆放的几本杂志，彰显出了居住者自信而优雅的生活气质。

设计课堂 | 工业风格运用体、面、色三大构成原理，将简洁的线条和粗犷的面域，经过打散重组，并重新运用到设计中。此外还在原有结构的基础上赋予了其纯净的色彩，从而使空间中带着设计者及居住者的主观精神。

后工业花园

自然气息浓郁的绿色，经常能给人以意外的惊喜。在工业风厚重的铁艺制品包裹下，适当地应用跳跃的色彩来打破空间的沉寂。悬空的直线条铁艺柜，带着后工业的悬浮感，和面前靠在清水混凝土墙上的线条柜架遥相呼应。上方白色石膏板吊顶和方格吊顶在混凝土梁处交接，在绿色大面墙的映衬下，肆意地展现颓败和时尚的唯美。

设计课堂 | 如果嫌工业风格黑白灰搭配木色的设计太过常见，可以在空间中的一面墙，大面积地涂刷灰蓝色或灰绿色，以打破空间黑白灰的基调。在地面的处理上，也可以使用斜拼的方式来打造局部区域，让工业感的空间更为灵动。

[HAO 设计]

清冷水泥灰

混凝土暗亚的立面延伸在整个空间，灰色系的延伸拉长了空间视野。黑色的木门隔断空间，又恰如其分地装点了空间的冷峻气息。自然裸露的梁体和顶部不刻意的装点，保留了空间高大宽阔的气质。水泥灰的地砖利落的分割，将空间感保留到了极致。水泥色和实木兼容的餐桌搭配瓦格纳的Y字椅消减了空间的清冷感。这空旷沉寂的空间弥漫着设计者和居住者极具个性的想象。

设计课堂 | 纯净的水泥灰让空间感得到了延伸，与酷酷的黑色更是绝配。还可以适当加入现代感十足且线条简练的灯具来提升空间的质感，用明装筒灯也可以起到类似的作用。

第 三 章　Interior Decoration
Style

中式风格

室 内 装 饰 风 格 手 册

📝 风格起源

中式风格是指具有中国文化特征的室内装饰风格，它的风格可以细分到不同朝代，汉代的庄重典雅、唐代的雍容华贵、明清时期的大气磅礴……中式风格凝聚了中国两千多年的民族文化，是历代人民勤劳智慧和汗水的结晶。中式风格在明朝得到了很大的发展，到了清朝进入鼎盛时期，发展至今，主要保留了以下两种形式：一是中国哲学意味非常浓厚的明式风格，以气质和韵味取胜，整体色泽淡雅，室内造型比较简单，与空间的对比不会太强烈；二是比较繁复的清式，或者是颜色很艳的藏式，通过巧妙搭配空间色彩、光影效果和饰品获得最理想的空间装饰效果。中式风格常给人以历史延续和地域文脉的感受，它使室内环境突出了民族文化渊源的形象特征。但是中式风格并非完全意义上的复古明清，而是通过中国古典室内风格的特征，表达对清雅含蓄、端庄丰华的东方精神境界的追求。

△ 竹简

△ 油纸伞

△ 雀替

△ 紫砂壶

传统的中式风格随着时代的变迁，在现代设计风格的影响下，为了满足现代人的使用习惯和功能需求，形成了新中式风格，其实这是传统文化的一种回归。这些"新"，是利用新材料、新形式对传统文化的一种演绎。将古典语言以现代手法进行诠释，融入现代元素，注入中式的风雅意境，使空间散发着淡然悠远的人文气韵。

中国文化历史悠久，
博大精深，
中式室内设计中的
很多装饰元素都源自于此

△ 川剧脸谱

△ 京剧服饰

△ 徽派马头墙

△ 故宫山顶

风格特征

在室内设计中，中式风格的文化内涵不仅仅是一种表现形式，也不是一成不变的古老，它可以千变万化，在不同人眼里有不同的韵味。中式古典风格一般是指明清以来逐步形成的中国传统装饰风格，极富中国文化内涵与中国传统精神内涵，以传统风格元素为载体，将古典文化的深沉、韵味融合到现代家居空间之中。新中式风格是指将中国古典元素与现代元素结合在一起的装饰风格，以现代人的审美需求让传统艺术在生活中得到合适体现，给传统家居文化注入了新的气息。

◇ 中式古典风格

中式古典风格融合了庄重与优雅双重气质，设计特点是在室内布置、线形、色调及家具、陈设的造型等方面，吸取传统木构架建筑室内的藻井、天棚、挂落、雀替的构成和装饰，明、清家具造型和款式特征。空间中更多出现窗花、博古架、中式花格、顶棚梁柱等装饰，在格局上讲究对称，对家具的数量和摆放位置都讲究成双成对，对称摆放，既能够减少视觉上的冲击力，又同时带来一种协调、舒适的视觉感受。中式古典空间可以在墙、地面上铺贴梅花、云纹、回纹等极具中国古典特色的瓷砖拼花，还可以采用一些文字来彰显文化、民族气息。在中式古典风格家居设计中，门窗已不仅仅是居室的一个组成部分，更是作为一种装饰的存在。传统中式窗户主要分为隔扇、槛窗、支摘窗、护净窗、横披窗、景窗和圆拱窗。传统中式门一般均是用棂子做成方格或其他中式传统图案，用实木雕刻各式题材，制造立体感。为了营造沉稳内敛的气质，传统中式家具起到了最重要的作用，一般分为明式家具和清式家具两大类，色彩多以暗红色为主，材质多选用名贵硬木制作而成，在雕花上用心设计，各类雕刻图案包括蝙蝠纹、万字纹、牡丹花纹等均表达着各种美好的寓意及祝福，完美地呈现手工雕刻的意韵。典型的中式古典家具有花板、条案、屏风、圈椅、官帽椅等。

[奥迅设计]

△ 中式窗花

[上海大环艺]

△ 中式挂落

△ 家具上雕刻中式传统图案

△ 中式古典风格空间中的家具通常按对称形式陈设

◇ 新中式风格

新中式风格的住宅中，空间装饰多采用简洁、硬朗的直线条。例如直线条的家具上，局部点缀富有传统意蕴的装饰，如铜片、铆钉、木雕饰片等。材料上选择使用木材、石材、丝纱织物的同时，还会选择玻璃、金属、墙纸等工业化材料。不仅反映出现代人追求简单生活的居住要求，更迎合了中式家居追求内敛、质朴的设计风格，使这种风格更加实用，更富现代感、更能被现代人所接受。

新中式风格整体的空间布局仍然讲究对称。受现代建筑形式和房型设计的影响，这种对称不再局限于传统的中式家具格局的对称，而是在局部空间布局上，以对称的手法营造出中式家居沉稳大方、端正稳健的特点。设计上采用现代的手法诠释中式风格，形式比较活泼，用色大胆。以不锈钢、香槟金等金属色做出窗格装饰，在半透明玻璃上做出窗格图案的磨砂雕花，都是十分常见的做法。家具可以用除红木以外的更多的选择来混搭，有些住宅还会采用具有西方工业设计色彩的板式家具与中式风格的家具搭配使用。字画可以选择抽象的装饰画，饰品也可以用东方元素的抽象概念作品。

△ 局部点缀铜片的新中式直线条家具

△ 新中式风格中经常出现玻璃、金属等材料

装饰要素

01	木质格栅

格栅被大量地运用在中式空间中，在空间与空间的隔断中可以做到朦胧优雅不沉闷，创造光与影的朦胧之美

02	留白处理

中式风格中墙面常选择大面积留白，还是中式美学精神的体现，透露出中式设计中的淡雅与自信

03	中式传统制式家具

圈椅、条案等经典的中式家具是重要的装饰元素

04	鼓凳

鼓凳是中式经典元素，传统中式和新中式用鼓凳作为空间的点缀，都能起到画龙点睛的作用

05	传统瓷器

青花瓷、粉彩等传统造型瓷器摆件在中式风格中必不可少

06	传统题材装饰画

中式传统题材装饰画是空间中很好的装饰品，比如山水画、花鸟画等，新中式风格运用时常加以简化变异

07	鸟笼

传统题材元素在中式空间中经过了形式的变异和功能上的创新，例如鸟笼、灯笼等

08	屏风

屏风的制作多样，常用实木雕刻、竖条、绢丝等形式，是酒店、餐厅、客厅、卧室等常见的隔断形式

09	窗格

形状多样，有正方形、长方形、八角形、圆形等形状。雕刻图案内容多姿多彩，具有丰富的含义，中国的传统吉祥图案都能在其中找到

10	中式纹样地毯

传统中式风格图案常以具体的吉祥图案为主，新中式风格中以抽象的山水等题材为主

11	茶文化摆件

茶文化摆件是中式、新中式风格中必不可少的装饰品，为空间增添雅致的文人气息

12	文房四宝摆件

文房四宝是独具中式特色的文书工具，除笔墨纸砚之外还有镇纸、笔洗等

13	石雕摆件

拴马桩、石磨盘可增加古朴的气息

14	根雕摆件

根雕落地摆件、根雕茶台、天然实木风化枯木根雕摆件等无论放在入口玄关还是桌面上，都是一种风景

01

木质格栅

[创域设计]

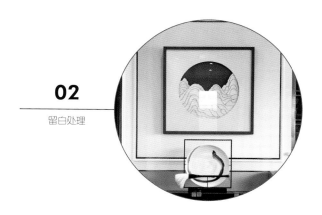

02

留白处理

03

中式传统
制式家具

04

鼓凳

[PCD 品仓设计]

05

传统瓷器

[清大环艺]

06

传统题材
装饰画

[宁洁设计]

07

鸟笼

08

屏风

09

窗格

[魏艳明设计]

10

中式纹样
地毯

11

茶文化摆件

12

文房四宝
摆件

[藏辉空间]

13

石雕摆件

[无间设计]

14

根雕摆件

[清大环艺]

2

中 | 式 | 风 | 格

配色美学

　　中式古典风格多采用沉稳的深色，主色常用白色、深棕色与原木色。例如白色墙面配合深棕色或原木色家具，即可营造古朴氛围。与之搭配的布艺通常选择深咖啡色、暗红色、暗黄色、深蓝色等颜色，或者白色、米色等呈对比的色彩。其中中式空间的绿色尽量以植物代替，如吊兰、大型盆栽等。中式古典风格中的图案大都来源于大自然中的花、鸟、虫、鱼等。例如花卉中的牡丹象征富贵，梅花象征坚强，茉莉象征纯洁。

　　新中式风格的色彩定位早已不仅仅是原木色、红色、黑色等传统中式风格的家居色调，其用色的范围非常广泛，不仅有浓艳的红色、绿色，还有水墨画般的淡色，甚至还有浓淡之间的中间色,恰到好处地起到调和的作用。新中式风格的色彩通常有两种类型：一种类型是富有中国画意境的色彩淡雅清新的高雅色系，以无色彩和自然色为主；另一种类型是富有民俗气息的色彩鲜艳的高调色系，这种类型通常以红、黄、绿、蓝等纯色调为主。

[大诺室内设计]

背景色 | C28 M13 Y8 K0　　　主体色 | C0 M0 Y0 K100　　　点缀色 | C78 M40 Y30 K0

留白的意境

　　白不单单是一种颜色，更是一种设计理念，产生空灵、安静、虚实相生的效果。棋盘上如玉般的白棋子，写意山水画所使用的生宣，手工编织而成的棉麻绢布等中式元素都带着清透浑然的质感。留白也是传统国画中的精髓，给人留下遐想的余地。将留白手法运用在新中式家居的设计中，可减少空间扑面而来的压抑感，并将观者的视线顺利转移到被留白包围的元素上，从而彰显了整个空间的审美价值。

　　在新中式风格中运用白色，是展现优雅内敛与自在随性格调的最好方式。搭配时通常以白色为背景，搭配原木色调或黑色调的新中式家居装饰，也可采用白色且带有中式元素的家具。

[S.U.N 设计]

| 主体色 | C 0　M 0　Y 0　K 0 |

| 点缀色 | C 0　M 0　Y 0　K 100 |

△ 恰当好处的留白可构造空灵韵味，给人以美的享受

| 背景色 | C 50　M 51　Y 56　K 0 |

| 主体色 | C 0　M 0　Y 0　K 0 |

△ 新中式风格中大面积运用白色，正是使用了中国画中留白的技巧

✎ 浓墨般黑色

黑色是一个强大的色彩，它可以庄重，可以优雅，甚至比金色更能演绎极致的奢华。中国文化中的尚黑情结，除了受先秦文化的影响，也与中国以水墨画为代表的独特审美情趣有关。与此同时，无论是道还是禅，黑色都具有很强的象征意义，并由此赋予了黑色在中国色彩审美体系中的崇高地位。

将新中式与黑色结合，空间内展现着平静内敛的气质与高雅古韵的氛围。在装饰时可在白色吊顶中加入黑色的线条，丰富层次感，也可将黑色作为背景配搭新中式家具装饰，再加入白色，面积可大可小，但视感要均衡。

[大集空间设计]

| 主体色 | C 15 M 15 Y 13 K 0 | 主体色 | C 0 M 0 Y 0 K 100 |

△ 新中式风格中的黑色适合线条勾勒和局部装饰，太多面积的运用会给人压抑感

✎ 喜庆中国红

红色在中国文化中占据着浓墨重彩的一笔，这个颜色对于中国人来说象征着吉祥、喜庆，传达着美好的寓意。在中式古典风格的家居中，红色被广泛地运用到室内色彩之中，既展现着富丽堂皇，又象征着幸福祈愿。红色宜作为空间的主题色或点缀色，桌椅、抱枕、床品、灯具都可以使用不同明度和纯度的红色系。

| 背景色 | C 33 M 85 Y 65 K 0 |

| 主体色 | C 55 M 68 Y 66 K 10 |

[GBD 杜文彪设计]

△ 中国红是中式风格的象征色彩之一，具有吉祥的寓意

高级灰应用

中国传统家具的设计造型稳重端庄，静雅大方，如果以高级灰作为背景，空间氛围看起来就会轻松很多，有雅致、清简之感。古典家具让高级灰不至于浮在表象，而高级灰的存在则冲淡了古典家具的严肃感，圈椅、罗汉榻、花几等家具在现代化的高级灰空间中可展现出别样的风采。当然高级灰不仅可运用在墙面或地面，也可将灰色融入挂画或屏风，例如作为点睛之笔的是灰色系泼墨山水画，无疑是一种文雅至臻的用法。

[蓝森装饰设计]

| 主体色 | C 15 M 15 Y 13 K 0 | 辅助色 | C 0 M 0 Y 0 K 40 |

△ 沙发背景墙上的灰色系泼墨山水画韵味悠长，方寸之间，尽是优雅

端庄稳重的棕色

棕色在中式传统文化中扮演着不少的角色，除了黄花梨、金丝楠木等名贵家具外，还有记录文字的竹简木牍等。打造中式风格古典家居，端庄沉稳的棕色担当着挑大梁的重要角色。棕色是中式家居常用的装扮色彩，给人古朴自然的视觉感受，因与土地颜色相近，棕色在典雅中蕴含安定、朴实、沉静、平和、亲切等意象，给人情绪稳定、容易相处的感觉。

新中式风格可以结合棕色的天然质感与自然属性来营造沉静质朴、端方稳重的视感氛围。设计时可以木饰面板装饰背景墙，打造高端质感，喜欢自然稳重的可搭配中性色调的新中式家具，喜欢活泼一点的可选择红橙蓝等亮色家具。

| 主体色 | C 16 M 33 Y 48 K 0 | 点缀色 | C 0 M 0 Y 0 K 100 |

△ 棕色的木格栅背景表达出新中式风格所追求的简洁而质朴的意蕴

[奥迅设计]

| 主体色 | C 49 M 56 Y 71 K 0 | 主体色 | C 18 M 37 Y 59 K 0 |

△ 端庄沉稳的棕色是打造中式风格古典家居的常用色彩之一

| 主体色 | C 10 M 10 Y 15 K 0 | 点缀色 | C 0 M 30 Y 72 K 0 |

△ 局部点缀明黄色抱枕，简约之中透着十足的贵气

皇家象征的黄色

　　黄色系在中国古代是皇家的象征，也是财富和权力的象征，是尊贵和自信的色彩。中国人对黄色特别偏爱，这是因黄色与金黄同色，被视为吉利、喜庆、丰收、高贵。所以黄色也广泛地应用于中式风格的家居中。鲜亮的黄色体现出尊贵之气，虽然鲜亮但却并不浮夸，能很好地打破中式居室的沉静，增添一份活泼。

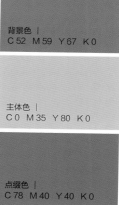

背景色 |
C 52 M 59 Y 67 K 0

主体色 |
C 0 M 35 Y 80 K 0

点缀色 |
C 78 M 40 Y 40 K 0

△ 黄色与中国红作为中国流转千年的传统色彩，最能体现沉淀其中的人文底蕴

✎ 典雅高贵的蓝色

中国古代多喜爱在博古架上放置一些瓷器作为装饰，例如蓝白青花瓷，其湛蓝的图案与莹白的胎身相互映衬，典雅而唯美。青花瓷的蓝色又名"皇帝蓝"和"国王蓝"，虽然色调单一，褪却奢华，但其简洁中所透露出来的雍容华贵的气度，有着不可言说的美丽。无论东西方，青花蓝皆是高贵与时尚的象征。将蓝色与中式风格相结合，旨在打造典雅高贵的美韵。

[吴舍软装]

主体色 | C 73 M 78 Y 72 K 50 　　辅助色 | C 95 M 70 Y 10 K 0

△ 新中式风格中运用蓝色可营造一种雅致的意境

[GBD 杜文彪设计]

主体色 | C 93 M 87 Y 46 K 16 　　辅助色 | C 70 M 33 Y 11 K 0

△ 不同纯度的蓝色制造出层次感，给中式空间注入现代气息

3

家具陈设

　　中式古典风格家具以明清家具为代表。明清两代是中式家具工艺发展的顶峰，木作上的雕花更是彰显其艺术气息，现在的新仿品也大都参照这些样式。其中最显著的特征就是万字纹和回形纹，在家具脚的处理上多采用马蹄形。明式家具的质朴典雅，清式家具的精雕细琢，都包含了中国人的哲学思想，处世之道。传统意义上的中式古典家具取材非常讲究，一般以硬木为材质，如海南黄花梨、紫檀、非洲酸枝、沉香木等珍稀名贵木材。除了实木榻之外，在床的选择上，可以选罗汉床、架子床这两种比较典型的中国古典家具。另外，圈椅、屏风也是中式装修中经常用到的家具，而且造型方面有很多变化。中式家具陈设时讲究严格有序，以正厅中轴线为基准，采用成组成套的对称方式摆放，展现出庄重、高贵的气场。

　　新中式风格家具摒弃了传统中式家具的繁复雕花和纹路，运用现代的材质及工艺，演绎传统中国文化中的精髓，使家具不仅拥有典雅、端庄的中国气息，而且具有明显的现代特征。新中式家具设计在形式上简化了许多，通过运用简单的几何形状来表现物体，多以线条简练的仿明式家具为主。与传统中式家具最大的不同就是，新中式家具虽有传统元素的神韵，却不是一味照搬。例如传统文化中的象征性元素，如中国结、山水字画、青花瓷、花卉、如意、瑞兽、祥云等，常常出现在新中式家具中，但是造型更为简洁流畅，既透露着浑然天成的气息，又体现出巧夺天工的精细。

△ 明式家具

△ 清式家具

△ 新中式家具

圈椅

圈椅起源于宋代的汉族，最明显的特征是圈背连着扶手，从高到低一顺而下，坐靠时可使人的臂膀都倚着圈形的扶手，舒适感十足，是中国独具特色的椅子样式之一。圈椅的造型呈方与圆的结合，是传统哲理的具体显现，将风雅和闲适情怀展露至尽。布置时可成对陈设，也可单独摆放。

条案

条案是中式家具中最常用的，长度接近一丈或更长尺寸，宽度大约是长度的四分之一，有的还要小些。条案的品种、形式较为复杂，从面上分有平头案和翘头案。人们常将其设于正厅之间，上配中堂，前配方桌、对椅，侧间设案者多位于窗前或山墙处，上置花瓶、座钟和梳妆用具等物品。

△ 中式平头条案

△ 中式翘头条案

[奥迅设计]

△ 圈椅展现中式的风雅和闲适情怀

[唐晓年设计]

△ 条案是中式风格家居最常用的家具之一

鼓凳

鼓凳是中国传统家具，因为在鼓凳四周用丝绣一样的图画做装饰，所以又称绣墩。鼓凳是圆形家具，一般中式环境下的家具都以方形为主，有一个圆形的家具作为搭配，可以让居室空间元素更丰富，视觉上非常舒服。

鼓凳一般分为木质鼓凳与陶瓷鼓凳，相比于木质鼓凳，陶瓷鼓凳把浓浓中国风和世界流行风格融为一体。其本身具备的亮泽加上古香古色的造型和图案，极富灵性和神韵，与新中式家居环境也非常合拍。

△ 木质鼓凳　　　　　　　　△ 陶瓷鼓凳

△ 鼓凳在中式客厅中通常起到代替单椅的功能

屏风

屏风是中式风格中最具代表性的装饰元素，制作样式多种多样，由挡屏、实木雕花、拼图花板等组合而成。还有一些黑色描金屏风，并在其表面做上手工描绘花草、人物或者吉祥物等图案，描绘的图案色彩强烈、搭配分明。中式空间中通常都会摆设这样的屏风，既能作为隔断使用，又能增添室内中式韵味。

△ 鹤被认为是中式文化中鸟类长寿的代表，所以带有仙鹤图案的屏风可给室内带来吉祥的寓意

博古架

博古架是一种室内陈列古玩珍宝的多层木架。在中式古典风格家居中，可以在博古架上摆放一些比较有观赏性的玉器、陶瓷等，使居室内具有很强的艺术气息和文化韵味。摆设时既可固定在墙面或地面上，也可以做成可自由移动的形式，所以博古架可以作为室内隔断、屏障，既能装饰家居又可以增强空间层次感。

△ 中式博古架

　　中式古典风格灯饰的造型多以对称形式的结构为主，无论是方形或者圆形，基本都以中心线对称，并且融入了古典诗词对联、陶瓷、清风明月、梅兰竹菊等独具中国传统特色的元素，制作成立灯、坐灯、壁灯、吊灯等不同样式，给人耳目一新的感觉。在灯具材质上，框架一般采用实木，制作时主要进行镂空或雕刻等工艺，除了直接雕刻以外，也可搭配一些其他材料做外部灯罩，比如玻璃、羊皮、布艺等，将中式灯饰的古朴和高雅充分展示出来。

　　新中式风格灯饰相对于古典中式风格，造型偏现代，线条简洁大方，往往在部分装饰细节上注入中国元素。例如形如灯笼的落地灯、带花格灯罩的壁灯、陶瓷灯，都是打造新中式风格的理想灯饰。其中新中式风格的陶瓷台灯做工精细，质感温润，仿佛一件艺术品，十分具有收藏价值。新中式灯饰的搭配风格也可多变，既可以搭配中式家具，也可以适当搭配书卷气较浓的现代风，但是需要注意在其他饰品上加以呼应。

[大同室内设计]

宫灯

宫灯是中国彩灯中富有特色的传统手工艺品，主要以细木为骨架，镶以绢纱和玻璃。由于在古代，宫灯长期为皇宫中所用，所以除去照明功能之外，往往还要配上精细复杂的装饰和图案，以显示帝王的富贵和奢华。图案内容多为龙凤呈祥、福寿延年、吉祥如意等。

△ 宫灯距今已有上千年的历史，是中式风格灯饰的典型代表

纱灯

纱灯是用麻纱或葛麻织物做灯面制作而成，多为圆形或椭圆形。其中红纱灯也称红庆灯，通体大红色，在灯的上部和下部分别贴有金色的云纹装饰，底部配金色的穗边和流苏，美观大方，喜庆吉祥，多在节日期间悬挂。

△ 摆设在花几上的纱灯仿佛可以凝固时光的美

纸灯

纸灯的设计灵感来源于中国古代的灯笼，具有其他材质灯饰无可比拟的轻盈质感和可塑性，那种被半透的纸张过滤成柔和、朦胧的灯光更是令人迷醉。

羊皮纸灯饰是纸灯的一种，虽然名为羊皮纸灯，但市场上真正用羊皮制作的灯并不多，大多是用质地与羊皮差不多的羊皮纸制作而成的。由于羊皮纸的可塑性强，所以厂家能制作出很多造型别致的羊皮灯，例如船帆式的吊灯、宫灯式的壁灯等。

△ 纸质灯的创意来源于古代的灯笼，独具轻盈的质感

陶瓷灯

陶瓷灯是采用陶瓷材质制作成的灯饰。最早的陶瓷灯是指宫廷里面用于蜡烛灯火的罩子，近代发展成落空瓷器底座。陶瓷灯的灯罩上面往往绘以美丽的花纹图案，装饰性极强。因为其他款式的灯饰做工比较复杂，不能使用陶瓷，所以常见的陶瓷灯以台灯居多。新中式风格陶瓷灯的灯座上往往带有手绘的花鸟图案，装饰性强并且寓意吉祥。

△ 鸟笼灯更适合层高较高的空间

[宁洁设计]

△ 常见的陶瓷灯以摆设在床头柜上的台灯居多

鸟笼灯

铁艺制作的鸟笼造型灯饰有台灯、吊灯、落地灯等，是新中式风格中比较经典的元素，可以给整个空间增添鸟语花香的氛围。鸟笼造型灯如果居家用作吊灯要注意层高要求，较矮的层高就不适合悬挂，会让屋顶看起来更矮，给人压抑感。更适合较大的空间，如大型餐厅，以大小不一高低错落的悬挂方式作为顶部的装饰和照明。

△ 鸟笼灯给餐厅空间增添鸟语花香的氛围

5

布艺织物

[柏舍励创]

　　打造雅致的中式风格家居，布艺装饰是不可或缺的道具，它是空间装饰的重要组成部分。所以对布艺材质、色彩和纹样的合理选择可以有效地影响居室的主色调，并对空间氛围衬托起着重要作用。

　　中式古典风格的布艺多选择棉麻丝绸等天然材质为主材，色彩以米色、杏色和浅金等清雅色调为主。经常使用流苏、云朵、盘扣等作为点缀。从图案来说，除了经典的龙凤纹样，还承袭了自然的花鸟虫鱼、梅兰竹菊、仙鹤以及蝴蝶等图案，再借助印花加刺绣的工艺，跃然于布艺之上。棉麻丝绸等天然材质的布艺是新中式家居的首选，精致考究的面料搭配简洁线条的中式家具，更能衬托出传统文化中的娴静古雅和写意从容。

面料精致的窗帘

中式古典风格窗帘的色彩多以朱红、浅米和咖啡色为主色彩，在面料上会选择带丝、绸、缎、棉麻混纺等材料，图案以回形纹、团状牡丹纹样、龙形纹等为主，还有些串联会沿袭中式书画等具有中国传统文化艺术的元素作为图案。

新中式风格的窗帘多为对称的设计，帘头比较简单，可运用一些拼接方法和特殊剪裁。偏古典的新中式风格窗帘可以选择一些仿丝材质，既可以拥有真丝的质感、光泽和垂坠感，还可以加入金色、银色的运用，添加时尚感觉；偏禅意的新中式风格适合搭配棉麻材质的素色窗帘；比较传统雅致的空间窗帘建议选择沉稳的咖啡色调或者大地色系，例如浅咖啡色或者灰色、褐色等；如果喜欢明媚、前卫的新中式风格，最理想的窗帘色彩自然是高级灰。

△ 新中式风格的窗帘色彩不拘一格，只要遵循与室内主题色调相呼应的原则即可

△ 棉麻材质的素色窗帘适合表现禅意的中式空间

△ 中式风格窗帘上除了出现如回形纹等传统纹样以外，还经常带有流苏、吊穗等小细节

带中式纹样的床品

中式古典风格的床品多以丝绸材料制作，中式团纹和回形纹都是最合适的纹样，有时候会以中国画作为床品的设计图案，尤其在喜庆时候采用的大红床品更是中式风格最明显的表达。

新中式风格的床品需要从纹样上延续中式传统文化的意韵，从色彩上突破传统中式的配色手法，利用这种内在的矛盾打造强烈的视觉印象。在具体款式上，新中式风格的床品不像欧式床品那样要使用流苏、荷叶边等丰富装饰，简洁是新中式床品的特点，重点在于色彩和图形要体现一种意境感，例如回形纹、花鸟等图案就很容易展现中国风情。

[名居设计]

△ 床品在传统水墨画图案的基础上加入一抹中国红，与坐榻上的抱枕色彩相呼应

凸显中式气质的地毯

在中式古典风格空间中，如果是简约自然、线条流畅的家具，可搭配相对素雅的地毯，图案简洁且颇具禅意的万字纹、拐子龙纹、锦纹、寿字纹地毯，更能凸显中式的含蓄之美；如果是造型繁复，重雕刻的家具，可搭配雍雅、纹饰相对烦琐的地毯，如带有狮纹、蝙蝠纹、如意云纹等热烈图案的地毯，凸显传统中式的富贵之气。

新中式风格家居既可以选择具有抽象中式元素图案的地毯，也可选择传统的回形纹、万字纹或描绘花鸟山水、福禄寿喜等中国古典图案的地毯。通常大空间适合花纹较多的地毯，显得丰满，前提是家具花色不要太乱。而新中式风格的小户型中，大块的地毯就不能太花，否则不仅显得空间小，而且也很难与新中式的家具搭配，地毯上只要有中式的四方连续元素点缀即可。

[纳沃设计]

△ 带祥云图案的中式风格地毯

[无间设计]

△ 带水墨画图案的中式风格地毯

具有中式元素的抱枕

抱枕是新中式风格家居不可或缺的软装元素之一。如果空间的中式元素比较多，抱枕最好选择简单、纯色的款式，通过正确把握色彩与搭配，突出中式韵味；当中式元素比较少时，可以赋予抱枕更多的中式元素，例如花鸟、窗格图案等。

古典意韵的桌布与桌旗

中式风格的桌布面料多采用织锦缎。常使用如青花、福禄寿喜等具有中国传统特色的纹样以及图案，自然流露出中国特有的古典意韵。如果是搭配桌旗，多用传统的绸缎布面，刺绣大花，以红色、紫色等颜色为主，再缀以金色流苏。

△ 如果选择纯色抱枕，只需要一些简洁的传统图案便可传达出中式的意境

△ 中式风格的红色绸缎布面桌旗

△ 牡丹纹因其吉祥的寓意深受人们喜爱，因此经常出现在中式风格的抱枕上

△ 带有传统青花纹样的中式风格桌布

6

软装饰品

　　中式古典风格一直以来都是给人沉静典雅的直观感受，即使在喧嚣的环境下也可以让人慢慢归于平静。中式家居有着庄重雅致的东方精神，饰品的选择与陈设可以延续这种手法并凸显极具内涵的精巧感，在陈设位置上选择对称或并列，或者按大小摆放出层次感，以达到和谐统一的格调。

　　新中式风格通常会采用传统的小家具和装饰品结合的方式。如用衣箱作为茶几、边几，用陶瓷鼓凳作为花架，用条案或斗柜作为玄关装饰等。另外，在桌上摆放中式插花，或者经典的中式元素如灯笼、鸟笼、扇子等，使用陶瓷、竹木等工艺手法，都是常见的新中式摆设手法。除了传统的中式饰品，搭配现代风格或富有其他民族神韵的饰品，会使新中式空间增加文化对比，使人文气息显得更加丰富。但要切记装饰的元素不在多，能够表达出中式的韵味即可。

[纳沃设计]

对称式陈设的装饰摆件

饮茶是中国人喜爱的一种生活形式。放置一个茶案，不仅可以享受品茶的乐趣，还可以传递雅致的生活态度。瓷器在中国古代就已是家居饰品的重要元素，其装饰性不言而喻。摆上几件瓷器装饰品可以让中式风格的家居环境增添几分古典韵味，将中华文化的风韵洋溢于整个空间。此外，新中式家居中常常用到格栅来分割空间或装饰墙面，这些都是装饰摆件浑然天成的背景，可在前面加一个与其格调相似的落地饰品，如花几或者落地花瓶，空间美感立竿见影。

△ 中式风格摆件

△ 中式风格经常采用对称陈设摆件饰品的手法，在视觉上给人和谐的美感

[IDEAL 艾迪尔设计]

△ 室内摆设茶具除了品茶之外，还可以显现出隐士君子情怀

浓郁中国风的装饰挂件

在中式古典风格的环境中，木雕花壁饰的运用比较广泛。这种装饰极具民族风情，可以体现中国传统家居文化的独特魅力。扇子是古代文人墨客的一种身份象征，有着吉祥的寓意。圆形的扇子饰品配上长长的流苏和玉佩，也是装饰中式墙面的极佳选择。中式风格挂钟以原木挂钟为主，透过厚重的实木质感体现中式文化的深厚底蕴，红檀色、原木色都是很好的搭配。

新中式风格装饰挂件应注重整体色调的呼应、协调，沉稳素雅的色彩符合中式风格内敛、质朴的气质。选择组合型装饰挂件的时候注意各个单品的大小选择与间隔比例，并注意平面的留白，大而不空，这样装饰起来才更有层次感，更有意境。荷叶、金鱼、牡丹等具有吉祥寓意的工艺品会经常作为新中式空间的挂件装饰。此外，墙面上出现黑白水墨风格的挂盘也能展现浓郁的中式韵味，寥寥几笔就带出浓浓中国风，简单大气又不失现代感。如果用青花花器或者布艺装饰在旁点缀一二，效果更佳。

△ 具有吉祥寓意的荷叶与金鱼挂件

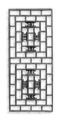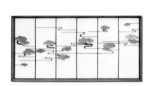

△ 中式风格挂件

[柏舍励创]

△ 文人墨客象征的扇子挂件

[微塔空间设计]

△ 带有浓浓禅意的木雕挂件

📝 注重意境的中式花艺

中式花艺背后有强大的中国传统文化作为依托，是古代生活方式的延续。在花材上可选用具有中国特色的花卉，如梅花、牡丹、菊花、兰花、月季、杜鹃、茶花等。中式风格中的花器选择要符合东方审美，除了青花瓷、彩绘陶瓷花器之外，粗陶花器也是对于中式最好的表达，粗粝中带着细致，以粗之名其实是更好地强调了回归本源的特性。

新中式风格花艺设计注重意境，追求绘画式的构图虚幻、线条飘逸，一般搭配其他中式传统韵味配饰居多，如茶器、文房用具等。花材的选择以"尊重自然、利用自然、融入自然"的自然观为基础，植物选择以枝杆修长、叶片飘逸、花小色淡、寓意美好的种类为主，如松、竹、梅、菊花、柳枝、牡丹、玉兰、迎春、菖蒲、鸢尾等。新中式空间中的花器多造型简洁，采用中式元素和现代工艺相结合。

[DY 空间设计]

△ 常绿的松树代表长寿，是中式风格常用的盆景之一

[香港方黄设计]

△ 中式花艺构图简洁，追求一种意境之美

[葛亚曦]

△ 纯手工粗陶花器具有无法复制的拙朴美感，别有一番禅意

尽显中式美感的装饰画

中式古典风格气质古朴优雅，搭配国画是最佳的选择。国画是中国的传统绘画形式，以毛笔作画，题材主要有人物、山水、花鸟等，在绘画的手法上有写意和具象两种。此外，字画、骏马图和江南风景山水画等能够很好地体现雅致的特点。还有一些中式装饰画的篇幅较大，会以拼贴的方式进行展示，例如春夏秋冬一整个系列的装饰画以套系的方式呈现。

新中式风格装饰画一般会采取大量的留白，渲染唯美诗意的意境。画作的选择与周围环境的搭配非常关键，选择色彩淡雅，题材简约的装饰画，无论是单个欣赏还是搭配花艺等陈设都能美成清雅含蓄的散文诗。此外花鸟图也是新中式风格常常用到的题材。花鸟图不仅可以将中式的美感展现得淋漓尽致，而且整体空间也因其变得色彩丰富，令新中式家居空间呈现瑰丽唯美。

[清大环艺]

△ 传统国画是中式风格家居的常见选择

 ## 彰显传统文化的餐桌摆饰

中式古典风格追求的是清雅含蓄与端庄，在餐具的选择上要大气内敛，不能过于浮夸，在餐扣或餐垫上体现一些带有中式韵味的吉祥纹样，以传达中国传统美学精神。一些质感厚重粗糙的餐具，可以使就餐意境变得大不一样，古朴而自然，清新而稳重。此外，中式餐桌上常用带流苏的玉佩作为餐盘装饰。

[IDEAL 艾迪尔设计]

△ 带流苏的玉佩是中式风格餐桌摆饰经常运用的元素之一

[DY 空间设计]

△ 荷叶边餐具配合中式花艺，在质朴中绽放出一丝贵气

★★★★★

特邀点评专家

赵芳节

设计界无界观的提出与倡导者，参编中国电力出版社热销图书《软装设计手册》，室内设计联盟特约讲师、金创意奖特聘实战导师、中装教育特聘专家，多年来致力于研究日本色彩心理学及国际色彩理论体系。

[宁洁设计]

[大诺室内设计]

🔍 | 风格主题 风格剖析 | ## 水墨丹青苍松古意

在这个东方意境的客厅空间中，设计师用简洁的轮廓勾勒出了唯美的画面。沙发背景中淡墨山水壁画中间，一枝苍翠的古松曲折而下给空间渲染了浓浓的古韵。原木色线条有序排列形成了圆形的图案，仿佛古典园林中的月亮门，并且与壁画中的松树对应形成了框景效果。水墨效果的地毯铺在客厅地面，使整个画面好像一幅画卷一样娓娓呈现。精心挑选的新中式家具，有简约的直线，同时也有优美的曲线，不拘一格呈现出了优雅的东方特色。

设计课堂 | 在设计领域传统有时候不仅是用来传承的，更应该是用来打破的。本案并没有采用传统中式繁复的花格窗隔断来表现空间的风格，而是采用了当代的手法，用简练的设计语汇，来营造具有东方气韵的风景与画面感。一颗树根年轮同样可以作为边几，精心挑选的花器插上几枝山果小枝，使空间画面产生了远景与近景的层次美感。

🔍 | 风格主题 风格剖析 | ## 敞开心扉拥抱自然

对称的构图形式在古典风格中较为常见，栗色木饰面作为沙发背景主色调，使空间呈现出厚重的古典格调。背景正中的汉服装饰画点缀其中，强化了画面的对称视觉，并且给人以风轻云淡的感觉。在装饰摆件方面并没有做完全对称摆放，左侧高低两个硕大的花器依次摆放，并通过枝叶的高度差来拉开距离反差，右侧则是实用与美观兼具的瓷器台灯。点缀色选用了较为明艳的柠檬黄、水洗蓝和祖母绿，使空间清新明媚。

设计课堂 | 在家具的选用和摆放方面也有一定的技巧，围合的新中式家具组合在靠近阳台方向则选用了两把单椅，使画面在视觉上看起来更加通透。主座三人位则选用了类同架子床形式的款式，利用架子和背景中的装饰画形成了框景效果。沙发下的地毯则铺入沙发一半的位置，使整个区域划分更为明显。

[奥迅设计]

Q | 风格主题
风格剖析 **富贵花开大隐于市**

古代文人皆有一颗归隐之心，虽然红尘浮沉亦不忘心中山水，在自己的居所寄情花鸟鱼虫、美化居室，从而释怀。此间民宿客房吊顶，以模仿建筑屋梁的形式营造出了古典格调。简洁的架子床款式在宽敞的房间中划定了休息区域，类似官帽椅形式的床头靠背给人以东方韵味之美。简化的宫灯款式吊灯用来替换床头台灯，在营造出悬空美感的同时，又释放了床头柜的实用功能。

设计课堂 | 在中国古典风格中，圆形有着团圆吉祥的寓意，并且在建筑装饰中使用圆形，同样可以丰富和柔化空间，令空间曲多情生。蓝色的地毯淡淡的花纹，好似波光粼粼的池水令人心旷神怡。橘红色的点缀则为空间增加了色彩的冷暖对比。

[共向设计]

Q | 风格主题
风格剖析 **聚八方友赏四面景**

在优美的自然环境中，或许无须过多装扮。错落有致的实木隔断装饰在玻璃转角处，可以用来遮挡窗帘的衔接处使房顶的视觉效果有了支撑，同时也让室内有了自然色彩。简约的沙发组合错落围合，深灰色和浅灰色的两块地毯，以各自区域为中心，并在重叠区域放置了茶几共用。三面全景玻璃窗将室外美景尽收眼底，聚三五好友欢度假期，将是非常惬意美事。

设计课堂 | 有效利用环境匹配灯光将会为空间提升格调品质。本案取景为傍晚日落之后，室内的暖色灯光将空间氛围烘托出来，并与室外的环境形成了冷暖对比。茶几上随意几枝绿叶仿佛将室外美景映入室内，使温馨的空间多了一丝自然清新。红色的局部色彩点缀同样丰富了框架的色彩细节。

[奕尚空间设计]

Q | 风格主题
风格剖析 **梅笑迎春东方雅韵**

本案属于传统的苏州园林建筑，虽然采用了当代的建筑材料及手法来表现，但是仍然保留了文人的情怀。对称的会客厅陈设与装饰，给人以气度非凡的感觉。房顶采用了传统屋脊形式的造型吊顶，利用木梁装饰点缀，其厚重的气质流露于表。大厅的装饰画作为整个空间的核心主题，独具特色。苍劲的梅树半边花开半边枯，形成了鲜明的对比。脚下的绿意盎然与飞鸟相映成趣，俨然是春天即将到来的景色，仿佛鸟儿都变得欢快起来。窗户采用了传统的花窗与玻璃的结合，既通透同时又与建筑融为一体。

设计课堂 | 在大空间的布置中，可以利用空间的纵深，通过层层叠叠的饰品陈设营造一幅立体的场景，使其看起来更加丰富多彩。本案最远处端景柜上有山形雕塑，山上有花鸟树木，显得生机勃勃。中间有赛马运动雕塑，场面精彩激烈，最近处则是客厅沙发的围合空间。茶几上的陈设精美细腻，一盆蝴蝶兰花优雅绽放，令人陶醉。

第四章　Interior Decoration
Style

英式风格

室 内 装 饰 风 格 手 册

风格要素

风格起源

英式风格即指起源于英国的装饰风格，最早是在安妮女王时代发展起来的，英式风格处处充满着"罗曼蒂克"，是当前人们最为理想的生活方式之一。由于英国隶属欧洲，建筑和室内风格在一定程度上受欧洲文化的影响，呈现雍容典雅的特征。在世界文明的进程中，英国人在各个领域都涌现出了杰出的人物，例如16世纪发现万有引力的牛顿、18世纪发明蒸汽机的瓦特、19世纪发明了实用电的法拉第，以及作为英国文化符号的莎士比亚等，这与英国人重视教育的密切程度有关。因此，说到英式风格，很多人都会想到绅士这个词。绅士文化是英国文化的精髓，是英国人价值取向和努力的方向。深受这种文化熏陶，英式风格的空间也能让人感受到温暖的绅士风度。

英式风格的居室以自然、优雅、高贵而出名。在英式风格的空间里，有着丰富的材料元素，比如原木、玻璃、金属、工艺品、铁艺、黄铜、皮革等。此外，苏格兰格子、小碎花图案、儒雅优美的手工沙发、浓烈华美的花卉图案或条纹……这些都是英式风格空间里的主流元素。

△ 英式风格家居强调绅士风度与贵族气质

△ 自然与优雅是英式田园风格的主调

风格特征

英国人以皇家风范为自豪，提到经典的英式风格，人们总会浮想起皇室的高贵与大气。所以在设计理念上主要通过打造皇室气质来凸显贵族风范，此外，格子也是英式风格装修的一个标志，运用苏格兰格子当作装饰，抑或是床品、桌布等装饰物品，凸显出英式风格的贵气与气派。

传统的英式风格往往从华美的空间结构、生机勃勃的花卉绿植、精美高贵的家具以及精美优雅的布艺上营造出一种高雅的气质，而且在摆件、饰品等形形色色的软装饰品上也都延续着贵族的奢华底蕴。随着现代装饰风格的影响，不仅在整体装饰效果上更符合现代人的审美观念，在细节上也加入了诸多响应生活需求的演变与融合。比如家具体积由厚重变得精巧，以更适应当下小户型的居住空间，而且家具材料的选择也越来越丰富，各种仿木或原木的饰面材料也出现在英式空间里，如枫木、橡木、白杨木、酸枝、橡胶木等，虽然还是强调原木的自然质感，但整体造型已从最初的高大厚重逐渐变得匀称纤美。此外，空间里也越来越多地结合了金属元素，如金属材质的灯具、摆饰品、桌椅等，缓和了早期英式风格过于柔美的势头，刚柔并济的搭配方式，让整体空间优雅含蓄又大方得体。

随着现代人对英伦美学有了更多、更深刻的理解，又将英式风格扩展成了多种更细致的风格，如英式古典风格、英式新古典风格、英式田园风格等。

◇ 英式古典风格

英式古典风格典雅大气，凝重中不失绚丽的色彩，淳朴中蕴含精美，表现出优雅尊贵的生活氛围。墙面上常用层次复杂的花线设计，尽显英式宫廷的奢华与气派，通过花线围塑的造型，也让空间显得更高挑立体。在英国的古典家具中常见到雕刻木质嵌花图案，一股古典韵味扑面而来。

△ 早期英式巴洛克时期扶手椅

△ 英式后雅各宾时期边桌

△ 典雅而优美的英式古典风格最能衬托大宅的雍容气度

△ 英式威廉一玛丽时期橱柜

◇ 英式新古典风格

英式新古典主义打破古典框架，突出浓重的现代风格，简约而充满气质，清新而不失厚重，在追求细节精致的同时，突出简约舒适的实用功能，以及华美的古典精髓。在软装设计中，常用水晶等华美精致饰物和考究的手绘装饰画，而色调淡雅、纹理丰富、质感舒适的精棉、真丝、绒布等天然华贵面料都是必然之选。

△ 英式安妮女王时期翼状椅

△ 英国新古典时期书柜

△ 英国维多利亚时期长沙发

△ 英式摄政时期雕刻凳

△ 英式新古典风格在简约的同时追求细节的精致

◇ 英式田园风格

英式田园风格给人一种清新自然的感觉，碎花、条纹、苏格兰图案是英式田园风格的标配，同时，陶瓷也是打造英式田园风格必不可少的元素。此外，花艺、工艺品、相框墙等也是比较出彩的设计。英式田园风格家具材质多使用楸木、香樟木等，制作以及雕刻全是纯手工的，十分讲究，而且经常在桌脚处运用简单的卷曲弧线或者精美的纹饰。家具颜色的选择上，大多以奶白色为主。但是墙壁经常选用高饱和度的颜色，来减少大片白色带来的单调感。沙发、桌布、窗帘等物品，大多以精美的手工布为主，营造出一种淳朴、自然的生活氛围。

△ 英国伊丽莎白拉桌

△ 英式洛可可时期板条温莎椅

△ 英式田园风格重在营造一种淳朴自然的生活氛围

装饰要素

01 条纹墙纸

条纹的墙纸作为墙壁的主调主要突出强烈的层次感，线条有别于法式风格的细腻清新，较为粗犷

02 哥特元素

哥特元素主要体现在英式家具上，最具特色的是坐具类，显得庄重、威严

03 乡村题材的装饰元素

田园乡村是一般人对英式家居的印象，常见一些花卉图案和经典苏格兰格纹配饰

04 厚重深色家具

沉稳的格调中透露出英式绅士的气质，与复古的造型相结合，凸显出整个空间的大气

05 实木雕花框油画

柔软而又复古的雕花烘托出淡雅的浪漫气息

06 英式下午茶文化

英式下午茶文化是英式风格自在优雅的精神内涵体现，打造正宗英式风格，精美的瓷器必不可少

01

条纹墙纸

02

哥特元素

03

乡村题材的装饰元素

04

厚重深色家具

05

实木雕花框油画

06

英式下午茶文化

2

配色美学

　　英式风格的色彩简洁大方，以自然、优雅、高贵为主要特点，白色和原木色是英式风格中常见的颜色。现代的英式风格延续了一贯对色彩的把握，有着敏锐的时尚触觉。在英式风格的空间里，有柔和到近乎白色的浅蓝、优雅自然的米灰、清新写意的草绿，也有艳丽的亮蓝、明黄与热情的玫瑰红，大面积的柔和色调搭配局部的亮色点缀，在优雅中透着年轻时尚的气息。此外，英式风格多采用条纹型的装饰，通过对线条的处理让室内环境彰显出感性又温柔的色彩，并多用雕花的工艺来烘托出淡雅的浪漫。

| 主体色 | C 12　M 76　Y 66　K 15 | 辅助色 | C 0　M 0　Y 0　K 100 | 点缀色 | C 0　M 20　Y 60　K 20 |

 **深色系**

　　英式田园风格的色彩一般都偏深，例如棕色、红色、黄色与深绿色等都是英式田园家居最常见的配色，这些象征着秋天的色彩表达了英国人的恋旧情愫。因为装饰时用到大量的木材，所以原木色在英式田园家居中出现的频率很高。此外，热爱花园的英国人也喜欢用来自自然界花卉的色彩装饰自己的家居空间，花卉色彩主要体现在床品、窗帘和椅套上。

背景色 ｜
C 27　M 24　Y 40　K 0

主体色 ｜
C 52　M 72　Y 99　K 17

辅助色 ｜
C 40　M 22　Y 12　K 0

△ 一些如棕色、原木色、土黄色等象征秋天的色彩表现出英式乡村家具的复古情怀

背景色 ｜
C 56　M 80　Y 81　K 0

主体色 ｜
C 50　M 85　Y 60　K 11

辅助色 ｜
C 70　M 72　Y 78　K 30

△ 偏传统的英式风格一般采用深色的色彩，以彰显浓郁的古典气息

浅色系

英式风格的室内色彩以柔和、淡雅为主，符合英国人随性而自由的个性。常用的色彩包括淡黄色、灰色、灰绿色、浅粉色、玫瑰红、浅蓝色等。这些浅淡的色彩让英式风格的空间更加明亮活泼。此外，英式风格更加注重清雅的复古韵味，红色、绿色等色彩不宜大面积使用，多以点缀色出现，且色调一般以浊色为主，少见过于浓烈的纯色调。

背景色 ｜ C 8　M 8　Y 15　K 0　　　辅助色 ｜ C 31　M 17　Y 32　K 0

△ 整体浅淡的色彩让英式风格空间更显清新优雅

苏格兰格子图案

苏格兰格子图案是由两个或多个交替的彩色条纹，纵横交错构成的方格图案，一般以红、绿、黑、蓝作为色彩搭配，其五彩缤纷、明暗交错的线条可以给家居空间制造更多的视觉亮点。苏格兰格子长期以来被广泛用于家居装饰工艺上，而且运用的形式与手法日趋多样化，如墙面装饰、地毯、桌布、窗帘以及家具配饰等，其格子色彩在空间里所能表达的内容也越来越丰富。

△ 苏格兰格子图案

背景色 ｜ C 40　M 30　Y 35　K 0　　　辅助色 ｜ C 71　M 89　Y 51　K 0

△ 满墙的格子图案在经典之余，产生的拉伸效果，让空间感觉被扩大和加高

花卉图案

　　不管是大印花还是小碎花，花卉图案常常被当作英式田园风的主要标识。又以偏小的精致碎花最能代表英式乡村风。除了墙纸、窗帘、床品或者桌布，在有些瓷器上也能看到这些精美的花朵图案。通常以菊花、樱花和牡丹等东方花卉图案居多，当然作为国花的玫瑰花仍然是最能代表英式田园风格的装饰图案。如果把花卉图案用在布艺上，常常与条纹或者格纹图案搭配使用。

△ 无处不在的花卉图案是英式田园风格的主要特征之一

米字旗图案

　　在英式风格中，米字旗在家居中的应用无处不在，红白蓝三色的组合总是能充满活力和文化气息，并给空间带来时尚的气息。

　　简单一些的做法可以嵌入单个的"米"字装饰物形成以小见大的效果。例如在充满复古风情的客厅中，单独放置米字旗装饰画并随意倚靠，既提升了空间的英伦范儿，也为略显沉静的复古格调添入鲜活元素。

　　而如果想要略显复杂的装饰效果，可将米字旗图纹巧妙地融入一些布艺收纳柜上，用图案装饰布艺抽屉的表面，同时以类似的条纹、色彩变化出多种装饰图案，丰富视觉层次；也可以在一些家具上画上米字旗图案，显得个性十足。

△ 米字旗是英式风格的经典元素，同时也是全世界深受设计师欢迎的标志之一

3

家具陈设

英国家具制造的历史悠久，是欧洲家具生产的大国之一。英式的古典家具美观、优雅而且易于调和，喜爱使用饰条及雕刻的桃花心木，给人沉稳、典雅之感。英国老家具有别于其他国家的欧式古典家具，浑厚简洁是18世纪末、19世纪初英国老家具的独特风格，历经岁月的沉淀，依然保留这亲切而沉静的韵味。现代的英式家具在逐步简化和变异的同时，依旧能够感受到那份沉稳浑厚的绅士风度。不仅如此，家具的工艺也趋向多元化，甚至还融入了一些东方的元素和审美情趣。

纯手工家具

英式手工沙发沿用了传统纯手工的制作方法，一般以枫木或橡木作为结构框架，其框架的固定方式以及饰面布料的裁剪、图案的配搭均通过手工完成。布面的色彩秀丽，线条优美，注重配色与对称之美，越是浓烈的花卉图案或条纹越能展现英伦味道。英式手工沙发对细节极为考究，以其内敛、精致的特点表现出了英国人对于高品质的追求，而且延续了英式家具的传统血脉。

△ 传统纯手工制作的英式风格沙发

雕花胡桃木家具

无论是英式田园风格还是英式古典风格，同属一宗的英式家具普遍造型典雅，讲究精致线条与弧度，往往注重在极小的细节上营造出新奇意味。很多家具都有着复杂而精美的雕刻花纹，如都铎玫瑰雕花、仙人掌、哥德拱门和四叶草等，在优秀手工技艺的诠释下，英国绅士风范的优雅和品位尽显无遗。

其中带帷幔的四柱床是英国人最传统的卧具。四柱床最初的起源，是为了让贵族们保有隐私，所以在床铺四周加挂帘幔以达到遮掩的效果。在 18 世纪的欧洲，四柱床制作精细的程度是用来衡量财富的标准。当时，木匠们经常为那些突发奇想的顾客特制家具，而四柱床则是最多人指定要定制的。在材质的应用上，木材仍是四柱床主要的选择，木床典雅厚实的造型会让空间感觉较稳重。

△ 深色雕花胡桃木家具尽显英式古典气质

△ 最早由欧洲贵族使用的四柱床

格纹布艺家具

格纹是由线条纵横交错而组合出的纹样，它特有的秩序感和时髦感让很多人对它情有独钟。格纹没有波普的花哨，多了一分英伦的浪漫，如果室内巧妙地运用格纹元素，可以让整体空间散发出秩序美和亲和力。充满英伦风情的格纹，绝对是永恒的经典。从20世纪60年代开始，格纹以其单调乏味的横宽窄竖，不断地变换出丰富的层次趣味，运用到沙发布艺上，可装饰出浓郁的英伦绅士品格。

[优加观念设计]

△ 格纹布艺家具透着十足英伦风和学院情调

◇ 英国四大经典家具

英国的新古典家具的早期以亚当、赫普尔怀特和谢拉顿的个人风格为代表，表现出规整、优美且带有古典式的朴素之美，但是赫普尔怀特和谢拉顿开始将家具世俗化，从权贵阶层走向市民阶层，这三位杰出的设计师和齐宾泰尔为英国造就了家具的黄金时代，至今还深刻地影响着古典风格的欧式家具。

◆ 齐宾泰尔式家具

齐宾泰尔是英国家具界最有成就的家具师，是第一个以设计师名字命名家具的家具师，从而打破了以君主的名字给家具风格命名的惯例。齐宾泰尔最有代表性的家具就是齐宾泰尔式座椅，采用材质细腻易于雕刻的桃花心木做基材，背板采用薄板透雕技术，将绶带、网纹以及岩石与贝壳巧妙地结合在一起，既轻巧又美观，使他的家具获得了极大的活力。根据椅子靠背的不同，分为三类：透雕薄板靠背椅、围栏式靠背椅、梯状靠背椅。

△ 齐宾泰尔式座椅   △ 齐宾泰尔设计的英式风格柜子

◆ 亚当式家具

亚当式家具造型优美，不仅形式上具备古典风格的特色，而且在结构和装饰上做了更合理的改变。著名的亚当式家具包括沙发、靠椅、边桌、螺纹支架桌、珍品橱等。多数采用直线结构，装饰浮雕。雕刻精美绝伦，题材以平雕的花、椭圆的玫瑰花饰，垂直的棕榈叶饰，以及路易十六式的槽纹等为主。另外，亚当式的彩绘家具独具一格，华丽非凡。

△ 亚当风格卵形靠背椅

△ 亚当风格书柜

◆ 赫普尔怀特式家具

赫普尔怀特家具造型精练、装饰单纯、结构简单，适合于朴实的市民生活方式。赫普尔怀特的风格集中体现在椅子上，以盾牌形靠背椅最体现其特色，靠背的装饰物多为透雕镂空。英国新古典盾牌靠背椅的特点是断面呈方形、铲形腿、刀马状后腿、向内弯曲的扶手。桌型为椭圆形、矩形等几何图形。

△ 赫普尔怀特式半圆桌

△ 赫普尔怀特风格彭布罗克桌

△ 赫普尔怀特风格书柜

◆ 谢拉顿家具

谢拉顿的家具以直线为主导，强调纵向线条，喜欢用上粗下细的圆腿，而且家具腿的顶端常用箍或脚轮。椅背条为矩形，中间靠背有瓮形、七弦琴、盾形等，也用彩绘、镶嵌。他设计了很多桌子，其中有延长用的活动翻板。装饰简朴，大量运用薄木拼花贴面和绘画装饰，雕刻费工费时而被大量简化，一般采用羊齿、贝壳、椭圆、垂花饰等古典图案。

△ 谢拉顿风格写字台

△ 谢拉顿风格折叠桌

4

英|式|风|格

灯饰照明

　　英式灯饰往往带有日不落帝国的岁月痕迹，散发着英伦贵族独有的高贵气质，以其体现出的优雅专注的气度，代表着一种卓越的生活品位。英式灯饰注重线条、造型以及色泽上的修饰，以华贵的装饰、典雅的色彩、精美的造型展露出富丽堂皇的贵族气息，在视觉上给人以古典恒久的美感。从材质上，英式灯饰多以纯黄铜、锻打铁艺等材质制造。此外，英式风格的空间也常会使用一些具有欧式特色的吊灯、壁灯，但在设计上则会更偏向优雅、含蓄。

黄铜灯

黄铜似乎是英国人最喜欢使用的金属，因此，也常常将其运用到家居环境中，如以黄铜和紫铜为材质的吊灯、壁灯和台灯等是英式风格的典型灯饰。其中英式台灯常见的灯座材质包括烛台造型的黄铜、带复古图案的陶瓷花瓶以及如同短栏杆的实木等。焊锡吊灯是以黄铜与艺术玻璃焊锡而成的装饰灯具。其整体灯架以黄铜为材质，线条蜿蜒柔美，配以精致、光洁的艺术玻璃作为灯罩，完美的材质搭配将英式风格雅致尊贵的气质诠释得淋漓尽致。

△ 黄铜壁灯特有的金属光泽为空间增添亮点

△ 英式风格黄铜灯

枝形吊灯

水晶或玻璃枝形吊灯是英式新古典风格中常用的灯饰。枝形吊灯是一种吊于天花板的装饰灯具，具有两个或以上支持光源的灯臂。枝形吊灯精美华丽，有十几至几十个灯和复杂的玻璃或水晶阵列，通过折射光来照亮房间。枝形吊灯有不同的方向，有的是四角方向，有的是六角方向，每一个方向都会有不同的照明效果，所以它具有很强的欣赏价值，也能够衬托出很华丽的气质。

△ 英式新古典风格常用枝形水晶吊灯衬托华丽的气质

5

布艺织物

　　英式风格家居的布艺多以手工布面为主。英国人特别喜爱格子图案，因此苏格兰格子是最常被运用于布面的经典图案，表现出清新自然、独一无二的英伦风情。除了苏格兰格子纹，花卉、米字旗也是用于英式家居布艺上的常见图案，这些鲜明的图案特征让人过目不忘。

表现华丽感的窗帘

英式风格的窗帘以帷幔和束带最为醒目，窗帘面料与花色需要与沙发、床品的布艺取得一致，常见的面料有丝绸、天鹅绒和锦缎等。除了花卉与条纹之外，常见图案还有花束、花环、小鸟以及东方和中式艺术式样。在英式田园的空间中，经常出现经典的条纹、格纹图案的装饰性半帘，也可以选用米字旗图案的半帘，再加以褶皱设计，给室内增添了几分俏皮的气息。

△ 天鹅绒材质与条纹图案都是英式风格窗帘的经典特征

△ 英式田园风格中的装饰性半帘

与整体色彩呼应的地毯

英式风格喜欢在沙发前或者床前铺小块地毯，地毯风格以花卉图案的波斯地毯、土耳其基里姆地毯、印度手纺纱棉地毯为主。地毯需要与窗帘、床品甚至花艺有关联，比如拥有相同或接近的颜色和花纹，这样装饰出来的房间更能体现英式风格特有的温馨与浪漫。

△ 地毯的色彩与纹样契合整体空间的古典气质

经典英式元素的床品

英式田园风格的床品往往会印满各种花卉、小鸟的图案，仿佛是为了打造一个鸟语花香的世界，无论视觉上还是手感都非常柔软和舒适，包括床头板往往也会用软垫装饰起来，充满着温馨与浪漫的情调。英式新古典风格床品的面料、花色通常与床幔以及床帘一致，但是床单或者床罩面料往往选择纯白色与花色形成对比。

△ 英式田园风格床品

△ 英式新古典风格床品

米字旗图案的抱枕

表面绘以米字旗图案的抱枕，是提升英式家居气氛的绝佳物品，其红白蓝三色的构成，更是为空间制造了色彩亮点。在面料材质的选择上没有太多局限，选择棉麻面料可以增强布面图案的质感，如果追求更舒适的触感则可以选择法兰绒、天鹅绒等柔性面料。此外，模仿青花瓷的色调在白色棉布上刺绣蓝色图案是英式新古典风格常见的抱枕式样。

△ 带有米字旗图案的抱枕是英式风格家居的极佳点缀元素

软装饰品

　　贵族传统以及绅士风度是英国文化的精髓，这种特质也往往表现在其室内装饰风格当中。精细雕刻的金属工艺品、璀璨的水晶饰品、精致复杂的刺绣……似乎再华丽的饰品摆放在英式风格的空间里都不会显得浮夸，一切都显得那么自然、谦虚且不失品质。

追求精致的工艺饰品

英式风格的软装饰品可以有很多的选择，例如米字图案的挂件、英国士兵摆件或者是非常有英式风情的下午茶茶具等，将这些独具英伦气质的饰品装点于家居环境中，可为空间带来强烈的异国情调。此外英国人追求精致的手工艺设计，照片墙、艺术相框、雕版、版画等手工艺品都是英式风格室内的常见装饰元素，彰显出了英国人对于手工艺术美学的追求，同时充满手工艺饰品的空间，艺术气息也会随之变得特别浓厚。现在国内流行的照片墙装饰，更多是源自于英式风格带来的灵感。

△ 英式古典风格工艺饰品

△ 英式风格的工艺饰品展现出优雅品位与绅士气质

高雅美感的花艺

花艺是英式风格中必不可少的元素之一，常用于英式风格的花材包括百合花、康乃馨、虎尾草、红玫瑰以及石榴等，通常将品种繁多的花艺紧密插在花器中。早期的英式风格花艺呈非常正式的对称三角形，直至新古典风格晚期才趋向更自由的造型。花器的选择也比较广泛，常见的有以大理石、陶瓷、金属、玻璃等材质制作的花瓶或花盆，瓷质花瓶的表面常常彩绘景色或者头像。

△ 楼梯过道边上的花艺点缀空间生活气氛

[优加观念设计]

△ 英式新古典风格中常见玻璃材质的花器

雕花边框的油画

　　油画是英式风格空间里最常见的装饰元素，绘画内容多以花园或者花卉为主题，偶尔也会出现人物、建筑物或者风景静物写实等。在画框上，可以选择实木材质或者铜质的复古雕花画框，深色的画框加上曲折蜿蜒的雕花脉络，展现出了英国悠远深长的油画历史，同时也提升了英式风格空间尊贵端庄的氛围。

△ 客厅壁炉上方的复古装饰画散发着独有的英伦气息

△ 铜质雕花边框的油画提升英式风格空间尊贵端庄的氛围

📝 充满绅士气质的餐桌摆饰

英式风格的餐桌整洁又华丽，餐桌的正中央往往会摆放一盆色彩艳丽的花艺作为中心饰物，并且在其两侧对称放置两个银质烛台。餐桌上通常不铺设桌布，只是在餐盘的下面铺有一块丝质的餐垫。

餐桌上的英式尊贵气质往往来源于餐具的高贵品质，英式风格常用造型简洁的瓷质餐盘，仅在边沿装饰金边，通常没有浮雕或者涡卷形曲线。此外，餐桌上常见雕刻精美并带着盖子的椭圆形银盘，用于盛放菜肴，还有银质茶壶或者咖啡壶，以及银质刀叉。

[优加观念设计]

△ 体现英伦尊贵气质是英式风格餐桌摆饰的重点

◇ 英式下午茶礼仪

英式下午茶是英国不可或缺的文化之一，蕴藏着英国的历史以及灵魂。在18世纪中期，当时英国人喜欢吃丰盛的早餐和晚餐，午餐则十分简单。由于两餐之间的间隔时间较长，于是一些贵族妇女开始在下午四五点吃甜点，慢慢地喝茶聊天。这种习惯导致大家争相效仿，于是午后饮茶便作为一种上层社会的礼仪盛行一时，不久后也迅速普及至平民社会，逐渐形成了具有鲜明民族特色的英国茶文化。

英式下午茶的茶具包括茶壶、茶斗、茶杯、杯碟、茶匙、点心碟、刀、叉、三层点心瓷盘、果酱架、糖缸、牛奶缸、用以泡茶计时的沙漏。餐巾必须在自己的大腿上折成相对的小三角，并只能用小三角的位置来擦拭嘴角。现在餐巾也是对折放于大腿，用餐巾内侧来擦拭嘴角。

下午茶所需的茶杯、糖罐和奶缸都要在客人到来前全部准备就绪，而茶壶则要在客人就座之后才能拿上桌。正统的英国茶杯为上宽下窄型，摆放时将杯耳朝右，并附上茶匙。茶匙必须放在杯耳下方成45度角位置，把手朝向身体。因为英式下午茶喝的是红茶，所以茶叶过滤器就成了必不可少的工具，使用过滤器也成为最能体现英式下午茶优雅姿态的动作。至于用来放置茶具的铺着蕾丝巾的木托盘，则是女主人为下午茶注入华丽气氛的小心思。

△ 英式下午茶是以严谨礼仪著称的英国人打发下午时光的一种绝佳方式

室内实战设计案例

★ ★ ★ ★ ★
特邀点评专家
王拓

从业超过 15 年，主持并参与众多大型设计项目，游历多个国家和地区进行学术交流，近年来活跃于时尚及室内设计跨界，擅长传统文化与室内设计的结合，多年来深入研究风水文化，开辟了国内现代时尚风水室内设计之先河，并致力于室内设计人才之培养，独创设计教育方式，设计的作品刊登于各大杂志和媒体，著述及参与多部软装设计书籍。

[优加观念设计]

Q | 风格主题 风格剖析 | 复古英伦的音乐主题

如同进入了一个充斥着各种格子的世界，无一不在昭示着复古的英伦风格该有的气质，既体现绅士的情怀，又体现了秩序的人情味，把家的气氛渲染得浓烈非凡。最吸引人的莫过于贯穿始终的黑胶唱片，复古的质感在此刻升华。

设计课堂 | 英伦设计的图案莫过于对于格子布的追求与营造。本案中从壁纸到地毯，各色格子布搭配组合，而且色彩和比例关系得当，十分和谐。通过音乐主题的营造，把主人的个性诠释得非常饱满，并且迎合了卧室环境的主题设计。

Q | 风格主题 风格剖析 | 独居绅士的优雅情怀

色彩稳重的墙板质朴低调，恰当的雕刻体现着主人非凡的品位。优雅的格子布从床头贯穿到床尾，体现出主人含蓄知性的文化底蕴。皮革的床头设计，柔软细腻，又带有几分原始的野性，其由内而外的魅力展露无遗。

设计课堂 | 大面积的深色墙板，会带来稳重感觉和品质的提升，但是也会让空间黯淡下来。床品采用同类色的高明度对比方式，既提亮了空间的色彩，又不突兀，自然柔和。

Q | 风格主题
风格剖析 **午后阳光的浪漫时分**

别墅休闲的会客一角，在阳光的渗透下，显得能量满满。家具的围合摆放，让交谈的气氛更加融洽和睦，高低错落的组合形式，填满了空间的缝隙。深与浅、冷与暖的色彩搭配，让空间显得既醒目又统一，在午后，尽情享受这一刻带来的欢愉。

设计课堂 | 自然光线对于室内空间的影响尤为深入，往往能带来无与伦比的振奋精神。会客场景的营造，需要每个家具间的搭配组合。本案所形成的会谈空间，无论是群体畅谈，两两相聚，还是独处，都能一一满足。

Q | 风格主题
风格剖析 **褪去浮华的英伦狂野**

黑色的墙面带来了几分神秘深邃的气质，整体以沉稳色调，表现出了英式餐饮文化的稳重优雅。两幅挂画表现着空间中安静温馨的画面。水晶灯饰及动物纹理样式提亮了整个空间，并彰显着空间的品位。

设计课堂 | 深灰色的墙面与金色的挂画形成了非常醒目的视觉效果，射灯的使用则更加熠熠生辉。饱满的花艺，优雅的瓷器和奢华的水晶都体现着主人的尊贵。虎皮纹的单人椅又体现出一股野性，把主人的个性淋漓尽致地体现了出来。

Q | 风格主题
风格剖析 **神秘古堡的镜中水月**

罗马券式的镜子被铁艺的线条装饰得亭亭玉立，经典的三段布局浓缩了建筑的痕迹。墙面的铁艺烛台，看起来已经锈迹斑斑，诉说着那厚重的历史。巴洛克的家具风格，骨子里透露的华贵，自然而洒脱地诠释着主人的尊崇。

设计课堂 | 罗马风格采用大量的圆拱结构，稳固且具有强烈的仪式感，镜中的世界就像水月一样，清澈透明，与复古的铁艺形成了鲜明的对比。

第五章　Interior Decoration
Style

法式风格

室内装饰风格手册

📝 风格起源

法国位于欧洲西部，作为欧洲的艺术之都，装饰风格是多样化的，各个时期的室内装饰风格都可以见到。16世纪的法国室内装饰多由意大利接触过雕刻工艺的手艺人和工匠完成。而到了17世纪，浪漫主义由意大利传入法国，并成为室内设计主流风格。17世纪的法国室内装饰是历史上最丰富的，并在整整三个世纪内主导了欧洲潮流，而此时其国内主要的室内装饰都由成名的建筑师和设计师来主持。到了法国路易十五时代，欧洲的贵族艺术发展到顶峰，并形成了以法国为发源地的洛可可风格，一种以追求秀雅轻盈，显示出妩媚纤细特征的法国家居风格形成了。此后，洛可可艺术在法国高速发展，并逐步受到中国艺术的影响。这种风格从建筑、室内扩展到家具、油画和雕塑领域。洛可可保留了巴洛克风格复杂的形象和精细的图纹，并逐步与大量其他的特征和元素相融合，其中就包括东方艺术和不对称组合等等。

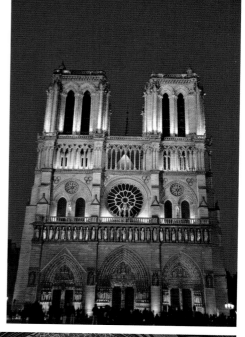

随着时代的发展，当代表着宫廷贵族生活的巴洛克、洛可可走向极致的时候，也在孕育着它最终的终结者。伴随着庞贝古城的发现，欧洲人掀起了对希腊、罗马艺术的浓厚兴趣，延伸到家居领域，带来了新古典主义的盛行。法式新古典早在18世纪50年代就在建筑的室内装饰和家具上有所体现，但是真正大规模应用和推广还是在路易十六统治时期以及拿破仑一世统治时期。

法式新古典主义时期分为两个阶段：第一阶段是路易十六继承王位之前法国流行的装饰风格，被称为"巴黎风格"，而路易十六执政时期的室内装饰与家具设计被称作"路易十六风格"。第二阶段是路易十六及玛丽王后下台后，由拿破仑一世执政过渡期间出现的"执政内阁式"，以及拿破仑一世执政时期，由其所创导的"帝国风格"。

△ 法国路易十四时期建造的凡尔赛宫室内装饰极其豪华富丽，是当时法国乃至欧洲的贵族活动中心、艺术中心和文化时尚的发源地

△ 巴黎圣母院高耸挺拔，辉煌壮丽，它是巴黎第一座哥特式建筑，开创了欧洲建筑史先河

📝 风格特征

优雅、舒适、安逸是法式风格家居的内在气质，室内色彩娇艳，偏爱金、粉红、粉绿、嫩黄等颜色，并用白色调和。法式风格装饰题材多以自然植物为主，使用变化丰富的卷草纹样、蚌壳般的曲线、舒卷缠绕着的蔷薇和弯曲的棕榈。为了更接近自然，一般尽量避免使用水平的直线，而用多变的曲线和涡卷形象，它们的构图不是完全对称，每一条边和角都可能是不对称的，变化极为丰富，令人眼花缭乱，有自然主义倾向。

传统法式风格家具追求极致的装饰，在雕花、贴金箔、手绘上力求精益求精，或粉红、或粉白、或粉蓝灰色的色彩搭配，漆金的堆砌小雕花，充满贵族气质。法式新古典主义继承了传统法式家具的苗条身段，无论是柜体、沙发还是床的腿部呈轻微弧度，轻盈雅致；粉色系、香槟色、奶白色以及独特的灰蓝色等浅淡的主题色美丽细致，局部点睛的精致雕花，加上时尚感十足的印花图纹，充满浓浓的女性特质。法国的田园风格充满了淳朴和浓厚的气息，一些怀旧装饰物展现给人的是居住者的怀旧情怀，其家具尺寸一般比较纤巧，材料以樱桃木居多。

根据时代和地区的不同，法式风格通常分为法式巴洛克风格、法式洛可可风格、法式新古典风格以及法式田园风格。

◇ 法式巴洛克风格

极富戏剧性和装饰效果的巴洛克风格起源于 17 世纪时意大利的天主教堂，后传播至路易十四时期的法国乃至当时整个欧洲。巴洛克风格强调设计的空间感、立体感和艺术形式的综合手段，吸收了文学、戏剧、音乐等领域里的一些因素和想象，是一种激情的艺术，打破理性的宁静与和谐，非常强调运动和变化，具有浓郁的浪漫主义色彩。巴洛克风格对全世界装饰风格有着巨大的影响，它通过工匠、艺术家和建筑师将其传播至欧洲、美洲、非洲和亚洲。于是这种力图通过色彩表现强烈感情、刻意强调精湛技巧的堆砌，追求空间感、豪华感的艺术风格就成了 17 世纪的主流艺术风格。

巴洛克风格色彩丰富而且强烈，喜欢运用对比色来产生特殊的视觉效果。最常用的色彩组合包括金色与亮蓝色、绿色和紫色、深红和白色等。米色是最常用的背景基色，金色则是巴洛克风格最具代表性的色彩。亮丽的颜色夹杂在素雅的基调中温和地跳动，渲染出一种柔和、高雅的气质。巴洛克风格在色彩的处理和运用上面虽然丰富，但是合理贴切、相得益彰，因此不会产生杂乱无章的感觉。

△ 大面积运用金色表现富丽堂皇的空间艺术是法式巴洛克风格的主要特征

◇ 法式洛可可风格

洛可可风格诞生于18世纪路易十五执政时期的法国，流行于法国贵族之间，是在巴洛克装饰艺术的基础上发展起来的。洛可可风格的总体特征为纤弱娇媚、纷繁琐细、精致典雅，追求轻盈纤细的秀雅美，在结构部件上有意强调不对称形状，其工艺、造型和线条具有婉转、柔和的特点。洛可可风格的装饰题材有自然主义的倾向，房间中的家具也非常精致而且偏于烦琐，不像巴洛克风格那样色彩强烈，装饰浓艳。家具的造型往往是以回旋曲折的贝壳形曲线和精细纤巧的雕刻为主，呈现出更明显的优美线条，由此引申一种纤巧、华美、富丽的艺术风格。

洛可可风格在色彩表现上十分娇艳明快，室内的装饰喜欢用如嫩绿、粉红、猩红等艳丽的色彩。并且常见混色搭配，如黄色与天蓝色、象牙色与金色融合。此外，粉色的背景墙面与金色的浮雕对比被广泛地应用于洛可可风格的墙面与顶棚。典型的洛可可色系包括蓝色系、翠绿色系、黄绿色系、粉红色系、金色系和米白色系。柔和的色调搭配、活泼的曲线有助于增加空间的亲近感，营造温馨氛围。

△ 相比于巴洛克风格，洛可可家具呈现出更明显的优美线条

△ 洛可可风格的空间经常出现如粉色等娇艳明快的色彩

◇ 法式新古典风格

法式新古典风格是由古典风格经过改良而来的室内装饰风格。传承了古典风格的文化底蕴、历史美感及艺术气息，同时将繁复的家具装饰提炼得更为简洁精雅，为硬而直的线条配上温婉雅致的软性装饰，而且注入简洁实用的现代设计。无论是家具还是配饰以其优雅、唯美的姿态出现，彰显高雅、贵族的气质，壁炉、水晶灯都是新古典风格的点睛之笔。

在进行法式新古典风格的装饰时，还可以将欧式古典家具和中式古典家具摆放在一起，中西合璧，使东方的内敛与西方的浪漫融合，也别有一番尊贵的感觉。

新古典风格色彩的运用上打破了传统古典风格的厚重与沉闷，并且给人雅致华丽的感觉，如金色、黄玉色、紫红色、深红色、海蓝色与亮绿色等如宝石一般高贵、典雅的色彩。还常运用各种灰色调，如浅褐色调与米白色调，整个空间给人以大方、宽容的非凡气度。此外，新古典风格空间的图案纹饰上多以简化的卷草纹、植物藤蔓等装饰性较强的造型作为装饰语言。

△ 法式新古典风格摒弃繁复，运用更为简洁的线条表现雅致华丽的感觉

[纳沃佩思艺术设计]

△ 金色搭配黑色的法式新古典风格空间，经典与摩登顿时跃然而出

△ 法式田园风格注重怀旧感，整体散发出一种自然气息

△ 洗白处理的家具以及表面质感粗犷的石材壁炉是法式田园风格的主要特征

◇ 法式田园风格

法式田园风格诞生于法国南部小村庄，散发出质朴、优雅、古老和友善的气质，与处在法国南部的普罗旺斯地区农民相对悠闲而简单的生活方式密不可分，这种风格混合了法国庄园精致生活与法国乡村简朴生活的特点。

法式田园风格顶面通常自然裸露，平行的装饰木梁只是粗加工擦深褐色清漆处理，然后就自然呈现；墙面常用仿真墙绘，并且与家具以及布艺的色彩保持协调；地面铺贴材料最为常见的是无釉赤陶砖和实木地板。石材壁炉最能够体现法式田园风格中乡村与自然的气质，特别是那种表面未经抛光处理的石材，最好带有磨损或者坑洞等痕迹。在法式田园风格的软装中，运用比较多的是薰衣草、铁艺灯具、金属的烛台和台灯。除了必备的花器以外，还有藤制的收纳篮，花纹繁复厚重的相框和镜框都是不错的选择。

装饰要素

01 法式廊柱、雕花

法式风格注重细节处理，常运用法式廊柱、雕花与线条，呈现出浪漫典雅风格

02 轴线对称

法式风格墙面背景及家具的摆放呈轴线的对称，突出尊贵典雅的气质

03 华丽金色应用

巴洛克风格崇尚奢华高贵，打造金碧辉煌的空间

04 洗白处理家具

法式田园风最明显的特征是家具的洗白处理，使家具流露出古典的隽永质感

05 繁复雕刻油画框

法式风格常选用古典气质的宫廷油画、人物肖像画、花卉与动物图案等，画框选择描金或者金属加以精致繁复的雕刻

06 植物花卉纹样

低饱和度的碎花条纹图案在法式乡村风格中很常见，用以表现自然浪漫的气质。少了英式田园的厚重和浓烈，多了一点大自然的清新和普罗旺斯的浪漫

07 水晶吊灯

外观金色，有流苏造型的水晶吊灯可以给空间带来高贵优雅、浪漫奢华的气息

08 繁复花纹的描金瓷器

瓷器在法式风格中起到画龙点睛的作用，精致优雅的贵族气质油然而生

09 描金雕花家具

描金雕花家具最能体现法式洛可可风格的奢华与浪漫

10 造型优雅纤细的家具

造型优雅纤细的家具充分体现了洛可可艺术女性化、纤巧、优雅的气质

11 低饱和度色彩

法式风格除了金色外，常常以低饱和度的淡色装点空间，优雅含蓄的淡蓝色、淡粉色、淡紫色与纤细柔美的家具造型相得益彰

12 华丽布艺材质

法式风格的奢华与浪漫无处不在，布艺选择常以丝绒、丝绸等为面料，床品和窗帘的设计也比较趋于繁复和精致的装饰

01
法式廊柱、雕花

02
轴线对称

03
华丽金色应用

04

洗白处理家具

05

繁复雕刻油画框

06

植物花卉纹样

07

水晶吊灯

08

繁复花纹的描金瓷器

09

描金雕花家具

10

造型优雅纤细的家具

11

低饱和度色彩

12

华丽布艺材质

2

配色美学

　　法式风格拒绝浓烈的色彩，推崇自然，不矫揉造作地用色，例如用蓝色、绿色、紫色等，再搭配清新自然的象牙白和奶白色，整个室内便溢满素雅清幽的感觉。此外，优雅而奢华的法式氛围还需要适当的装饰色彩，如金、紫、红等，夹杂在素雅的基调中温和地跳动，渲染出一种柔和、高雅的气质，也可以恰如其分地突出各种摆设的精致性和装饰性。

　　墙纸色彩的合理使用，可以突出法式家居感性的特点，在选择墙纸时，也要秉承奢华的设计理念，通常以白色、粉色、蓝色等颜色为主。当然，在花色的选择上可以兼顾时尚，除了最古典的藤蔓图案，以大丽花、雏菊、郁金香等大面积花朵为主要设计元素的墙纸，也极具浪漫、妩媚的柔美色彩。

| 背景色 | C 76　M 47　Y 60　K 0 | 主体色 | C 0　M 0　Y 0　K 100 | 点缀色 | C 0　M 20　Y 60　K 20 |

✍ 华丽金色

法式空间中较喜欢用金色凸显金碧辉煌的装饰效果。金色有着光芒四射的魅力，用在家居中可以很好地起到吸睛作用。无论是作为大面积背景存在还是作为饰品或点缀小比例彰显，辉煌而华丽的色泽会令空间的气场更上一层楼。

对于法式风格来说，对金色的应用由来已久。比如在法式巴洛克风格中，除了各种手绘雕花的图案，还常常在雕花上加以描金，在家具的表面上贴金箔，在家具腿部描上金色细线，务求让整个空间金光闪耀，璀璨动人。

△ 很多法式风格家具在精美雕刻的基础上，再锦上添花地加入描金工艺

主体色 | C 0 M 20 Y 60 K 20   辅助色 | C 85 M 48 Y 20 K 0

△ 法式风格空间除了墙面之外，还通常在家具、灯饰、装饰画等一些软装细节上点缀金色

✍ 优雅白色

白色纯洁、柔和而又高雅，往往在法式风格的室内环境中作为背景色使用。法国人从未将白色视作中性色，他们认为白色是一种独立的色彩。纯白由于太纯粹而显得冷峻，法式风格中的白色通常只是接近白的颜色，既有白色的纯净，也有容易亲近的柔和感，例如象牙白、乳白等，既带有岁月的沧桑感，还能让人感受到温暖与厚度。

但是大面积的白色容易让空间显得平板单调，不妨大胆挑选深紫和暗红色器皿摆设，以白色的清新内敛配合紫红的热情，让空间不仅展现独特的气质，也提升耐看度。

主体色 | C 13 M 7 Y 5 K 0   辅助色 | C 52 M 37 Y 21 K 0

△ 典雅的象牙白装饰背景依然是法式风格的主调，奠定优雅风格的基础

浪漫紫色

　　提起法国，人们马上想到的就是美丽的塞纳河畔、妩媚多姿的河上风光、浓郁的艺术气息、空气中弥漫的香水余味等，数不尽的元素都向人传递着法国独特的浪漫气质。而紫色本身就是精致、浪漫的代名词，著名的薰衣草之乡普罗旺斯就在法国。但用紫色来表现优雅、高贵等积极印象时，要特别注意纯度的把握。

△ 普罗旺斯以紫色薰衣草闻名世界，同时也是法式田园风格的来源地

主体色 |
C 62　M 60　Y 55　K 0

辅助色 |
C 71　M 80　Y 46　K 0

点缀色 |
C 0　M 20　Y 60　K 20

△ 紫色是代表浪漫的色彩，契合法式风格所追求的优雅浪漫的特点

📝 高贵蓝色

蓝色是法国国旗色之一，也是法式风格的象征色。法式风格中常用带有点灰色的蓝，总能让空间散发优雅时尚的气息，为彰显其色彩特性，可使用相近色做搭配，透过深浅渐层堆叠出视觉焦点，让这股优雅时尚持续下去。

| 背景色 | C 67 M 48 Y 30 K 0 | 主体色 | C 39 M 45 Y 56 K 0 |

△ 带有点灰色的法国蓝总能让空间散发优雅时尚的气息

| 主体色 | C 33 M 58 Y 75 K 0 | 辅助色 | C 85 M 50 Y 20 K 0 |

△ 蓝色是法式风格的象征色之一，搭配金色及雕花墙面更能体现高贵的气质

◇ 法式田园风格

提到法国的象征物，不得不提到高卢雄鸡，它在法国的文化和历史中占据着重要地位，直至今日，它仍然频繁出现在法国社会的多个领域。在室内装饰中，高卢雄鸡的形象通常被应用于灯饰、调味瓶和门挡等，描绘或者编织在陶瓷或者布艺上，成为法式田园风格的象征性符号。

△ 高卢雄鸡图案抱枕

△ 高卢雄鸡图案杯子

3

家具陈设

　　法式风格的家具除了常见的白色、黑色、米色外，还会选择性使用金色、银色、紫色等极富有贵族气质的色彩，给家具增添贵气的同时，也加上了一丝典雅。从造型上看，法式家具线条上一般采用带有一点弧度的流线型设计，如沙发的沙发脚、扶手处，桌子的桌腿，床的床头、床脚等，边角处一般都会雕刻精致的花纹，尤其是桌椅角、床头、床尾等部分的精致雕刻，从细节处体现出法式家具的高贵典雅。一些更精致的雕花会采用描银、描金处理，金、银的加入让家具整体除了精致更显出贵气。

法式巴洛克家具

△ 法式巴洛克办公桌

△ 法式巴洛克时期衣柜

法国的巴洛克家具主要是宫廷家具，以桃花心木为主要材质，完全采用纯手工精致雕刻，保留了典雅的造型与细腻的线条感。椅座及椅背分别有坐垫设计，均以华丽的锦缎织成，以增加坐时的舒适感，造型上利用多变的曲面使家具的腿部呈 S 形弯曲。路易十四式家具是典型的巴洛克风格，家具外观运用端庄的体形与含蓄的曲线相结合而成，通常以对称结构设计，装饰夸张，整体豪放、奢华，家具上还有大量起装饰作用的镶嵌、镀金与亮漆，极尽皇族的富贵豪华。

△ 法式巴洛克时期书柜

△ 法式巴洛克时期边桌

法式洛可可家具

洛可可是法式家具里最具代表性的一种风格，以流畅的线条和唯美的造型著称，受到广泛的认可和推崇。洛可可式的家具带有女性的柔美，最明显的特点就是以芭蕾舞动作为原型的椅子腿，可以感受到那种秀气和高雅，那种融于家具当中的韵律美，注重体现曲线的特色。其靠背，扶手，椅腿大都采用细致、典雅的雕花，椅背的顶梁都有玲珑起伏涡卷纹的精巧结合，椅腿采用弧弯式并配有兽爪抓球式椅脚，处处展现与众不同。

△ 法式洛可可时期安乐椅

△ 法式洛可可时期橱柜

△ 法式洛可可时期沙发

△ 法式洛可可时期中心桌

△ 法式洛可可时期写字台

△ 法式洛可可时期小型整理衣柜

法式新古典家具

法式新古典家具摒弃了始于洛可可风格时期的繁复装饰，追求简洁自然之美的同时保留欧式家具的线条轮廓特征。设计上以直线和矩形为造型基础，把椅子、桌子、床的腿变成了雕有直线的凹槽的圆柱，脚端又有类似水果的球体，减少了青铜镀金面饰，较多地采用了嵌木细工、镶嵌、漆饰等装饰手法。整体概括为：精练、简朴、雅致；曲线少、直线多；涡卷装饰表面少，平直表面多；显得更加轻盈优美，家庭感更强烈。

△ 法式新古典时期会议用椅

△ 法式新古典时期双人翼状沙发

△法式新古典时期小型整理衣柜

△ 法式新古典时期边桌

法式田园家具

法式田园家具的尺寸比较纤巧，而且家具非常讲究曲线和弧度，极其注重脚部、纹饰等细节的精致设计。材料则以樱桃木和榆木居多。很多家具还会采用手绘装饰和洗白处理，尽显艺术感和怀旧情调。法式田园风格中常用的是象牙白的家具、手绘家具、碎花的布艺家具、雕刻嵌花图案的家具、仿旧家具和铁艺家具。类型上一般选用的是四柱床、梳妆台、斗柜还有木质的橱柜，一般都是以木质为主。

△ 法式田园风格四柱床

△ 法式田园风格单椅

△ 法式田园风格五斗柜

△ 法式田园风格床榻

灯饰照明

灯饰的选择除了其造型和色彩等要素外，还需要结合所挂位置空间的高度、大小等综合考虑法式风格家居常用水晶灯、烛台灯、全铜灯等灯饰类型，造型上要求精致细巧，圆润流畅。例如有些吊灯采用金色的外观，配合简单的流苏和优美的弯曲造型设计，可给整个空间带来高贵优雅的气息。

[张一舟设计]

水晶灯

水晶灯饰起源于欧洲 17 世纪中叶洛可可时期。当时欧洲人对华丽璀璨的物品及装饰尤其向往追求，水晶灯饰便应运而生，并大受欢迎。洛可可风格的水晶灯灯架以铜制居多，造型及线条蜿蜒柔美，表面一般会镀金加以修饰，突出其雍容华贵的气质。

△ 璀璨耀眼的水晶灯衬托出法式风格的华贵典雅

烛台灯

烛台灯的灵感来自欧洲古典的烛台照明方式，那时都是在悬挂的铁艺上放置数根蜡烛。如今很多吊灯设计成这种款式，只不过将蜡烛改成了灯泡，但灯泡和灯座还是蜡烛和烛台的样子，这类吊灯应用在法式风格的空间中，更能凸显庄重与奢华感。

△ 灵感源自欧洲古代的烛台灯体现出的优雅隽永的气度

△ 铁艺烛台灯复古韵味十足，富有年代感

全铜灯

从古罗马时期至今，全铜灯一直是皇室威严的象征，欧洲的贵族们无不沉迷于铜灯这种美妙金属制品的隽永魅力中。

全铜灯是采用铜为主要材料的灯饰，源于欧洲皇室建筑装修，注重线条、造型以及色泽上的雕饰，将奢华风和复古风完美地融合到一起，不仅可以彰显身份和地位，更重要的是能使人们的日常生活变得更加优雅。因为纯铜塑形很难，因此很难找到百分百的全铜灯，目前市场上的全铜灯多为黄铜原材料按比例混合一定量的其他合金元素，使铜材的耐腐蚀性、强度、硬度和切削性得到提高，从而做出造型优美的全铜灯。

[纳沃佩思艺术设计]

△ 全铜灯造型精美，仿佛一件名贵的工艺品

△ 曾经悬挂于欧洲古代宫廷之中的艺术铜灯，一直是皇室威严的象征

5

布艺织物

　　精致法式居家氛围的营造，重要的是布艺的搭配，窗帘、沙发、床品以及抱枕等布艺更注重质感和颜色是否协调，同时也要跟墙面色彩以及家具合理搭配。如果布艺选择得当，再配以柔和的灯光，更能衬托出法式风格的曼妙氛围。传统法式空间中，采用金色、银色描边或一些浓重色调的布艺，色彩对比强烈，而法式新古典的布艺花色则要淡雅和柔美许多。法式田园风格布艺崇尚自然，把当时中国式花瓶上的一些花鸟蔓藤元素融入其中，以纤巧、细致、浮夸的曲线和不对称的装饰为特点，布艺上还常饰以甜美的小碎花图案。

　　在法国，亚麻与水晶银器一样，是富裕生活的象征。所以法式田园风格布艺中经常会看到绣有拥有者名字字母的麻织床单。除亚麻外，木棉印花布，手工纺织的毛呢，粗花呢等布艺制品也常见于法式家居中。除了熟悉的法国公鸡、薰衣草、向日葵等标志性图案，橄榄树和蝉的图案普遍被印上了桌布、窗帘、抱枕。

充满法式风情的窗帘

巴洛克风格窗帘的材质有很多的选择，例如镶嵌金、银丝、水钻、珠光的华丽织锦、绣面、丝缎、薄纱、天然棉麻等，颜色和图案也应偏向于跟家具一样的华丽、尊贵，多选用金色或酒红色这两种沉稳的颜色用于面料配色，显示出家居的豪华感。有时会运用一些卡其色、褐色等做搭配，再配上带有珠子的花边配搭增强窗帘的华丽感。另外一些装饰性很强的窗幔以及精致的流苏往往可以起画龙点睛的作用。

法式洛可可风格热衷于应用天鹅绒和浮花织棉，其窗帘依然饰以镶缀和饰珠，也沿用巴洛克时期的垂尾、流苏等。洛可可风格喜欢从上到下，用层层叠叠的纺织品来营造出梦幻般的浪漫氛围。

法式新古典风格的窗帘综合了现代美和古典美，给人以典雅舒适的视觉享受。在色彩上，可选用深红色、棕色、香槟银、暗黄以及褐色等。面料以纯棉、麻质等自然舒适的面料为主，花型讲究韵律，弧线、螺旋形状的花型较常出现，力求线条的瑰丽华美，展现出新古典风格典雅大方的品质。

法式田园风格的窗帘常将两种不同的面料进行组合，例如亚麻布与棉布等，无论是简单的帷幔，或是蕾丝窗帘，均适用于法式田园风格空间，并且大多选择铁艺窗帘杆进行搭配。

△ 法式新古典风格窗帘

△ 法式巴洛克风格床品

△ 法式洛可可风格窗帘

△ 法式田园风格窗帘

营造浪漫氛围的床品

法式巴洛克风格的床品多采用大马士革、佩斯利图案，风格上体现出精致、大方、庄严、稳重的特点。这种风格的床品色彩与窗帘以及墙面的色彩应高度统一或互补。此外也可采用非常纯粹色彩的艺术化图案构成别具一格的巴洛克风格床品。

法式洛可可风格的床品以丝质面料为主，色调淡雅而浪漫，与房间整体布艺色调一致。

法式新古典风格床品经常出现一些艳丽、明亮的色彩，材质上经常会使用一些光鲜的面料，例如真丝、钻石绒等，为的是把新古典风格华贵的气质演绎到极致。

法式田园风格床品常用天然或者漂白的亚麻布，经常出现白底红蓝条纹和格子图案。

此外，法式风格床幔可以营造出一种宫廷般的华丽视觉感，造型和工艺上并不复杂，最好选择有质感的织绒面料或者欧式提花面料。同样，为了营造古典浪漫的视觉感，这类风格床幔的帘头上大都会有流苏或者亚克力吊坠，又或者用金线滚边来做装饰。

△ 法式新古典风格床品

△ 大马士革纹样

△ 佩斯利图案

△ 以法国蓝为主色调的床幔传承了法式宫廷的典雅和高贵气质

△ 法式田园风格床品

△ 法式洛可可风格床品

△ 法式巴洛克风格床品

植物花卉纹样的地毯

在法式传统风格的空间中，法国的萨伏内里地毯和奥比松地毯一直都是首选；而法式田园风格的地毯最好选择色彩相对淡雅的图案，采用棉、羊毛或者现代化纤编织。植物花卉纹样是地毯纹样中较为常见的一种，能给大空间带来丰富饱满的效果，在法式风格中，常选用此类地毯以营造典雅华贵的空间氛围。

△ 奥比松地毯

△ 植物花卉图案地毯

△ 萨夫内里地毯

[纳沃佩思艺术设计]

　　传统法式家居不仅华美高贵，同时也洋溢着一种文化气息，因此雕塑、烛台等是不可缺少的饰品，也可以在墙面上悬挂一些具有典型代表性的油画。法田园式风格中配饰的设计随意质朴，一般采用自然材质、手工制品以及素雅的暖色，强调自然、舒适、环保的法式特色。各种花卉绿植、瓷器挂盘以及花瓶等与法式家具优雅的轮廓与精美的吊灯相得益彰。

📝 提升空间艺术气息的摆件

传统法式风格端庄典雅，高贵华丽，摆件通常选择精美繁复、高贵奢华的镀金镀银器或描有繁复花纹的描金瓷器，大多带有复古的宫廷尊贵感，以符合整个空间典雅富丽的格调。烛台与蜡烛的搭配也是法式家居中非常点睛的装饰，精致的烛台可以增添家居生活的情趣，利用它曼妙的造型和柔和的烛光，烘托出了法式风格雅致的品位。此外，法式风格中通常用组合型的金属烛台搭配丰富的花艺，并以精美的油画作为背景，营造高贵典雅的氛围。

而具有乡村风情的法式田园风格的常见摆件有中国青花瓷、古董器皿、编织篮筐、陶瓷雄鸡塑像以及古色古香的烛台等。

△ 传统法式风格通常摆设描金瓷器与金属烛台营造高贵氛围

△ 法式田园风格摆件

📝 呈现墙面视觉美感的挂件

法式巴洛克时期最为常见的挂件就是金属雕花挂镜、华丽的壁毯，以及雕刻复杂且镶有镀金画框的油画。

法式洛可可时期包括镀金挂钟和挂镜，具有中式艺术风格的瓷质小塑像和装饰性镀金挂镜是洛可可时期标志性的饰品之一。

法式新古典风格的墙饰常见的有挂镜、壁烛台、挂钟等。其中挂镜一般以长方形为主，有时也呈现出椭圆形，其顶端往往布满浮雕雕刻并饰以打结式的丝带。木质挂钟是新古典风格空间常见的挂件装饰，挂钟以实木或树脂为主，实木挂钟稳重大方，而树脂材料更容易表现一些造型复杂的雕花线条。

法式田园风格的挂件表面一般都显露出岁月的痕迹，如壁毯、挂镜以及挂钟等，其中尺寸夸张的铁艺挂钟往往成为空间的视觉焦点。

△ 法式巴洛克风格挂镜

△ 法式田园风格铁艺挂钟

△ 法式田园风格挂镜

表现高贵典雅气质的花艺

枝和藤蔓四溢，如同油画创作般精心布置。常用的花材有丁香花、康乃馨、郁金香等。花器材质以青铜、陶瓷为主。整体造型庄严雄伟，以双耳类造型最为常见。表面常常以大量的彩绘进行修饰，底座边沿等重要部位往往会镀金或者镀银。

法式洛可可风格的花艺造型特征为非对称并充满 S 形曲线，基本呈酥松的椭圆形。花材往往纤弱轻盈，花色比较淡雅、精致，通常选用单色鲜花。常用的花材包括杜丹、罂粟花、郁金香、紫藤花等。除了青铜花器，洛可可时期还出现了水晶、玻璃、青瓷花器。其瓷质花器呈典型的非对称造型，经常以丘比特或牧羊人的形象作为花器基座，花器表面饰以色彩艳丽的彩绘。

早期的法式新古典风格花艺高挑细长，色调偏冷，常加入金色点缀；发展到新古典主义的后期，花艺的尺寸庞大而笨重，整体造型呈三角形，而且花色较为浓艳。

法式田园风格的花艺常用一些插在壶中的香草和鲜花，如果家里增加一些薰衣草的装饰，那就是对法式浪漫风情的最佳表达。

△ 雕花金属边框的挂镜是法式风格空间必不可少的装饰元素之一

△ 法式洛可可风格通常选用单色鲜花，而且花色比较淡雅

△ 法式田园风格的花艺布置追求自然，随意插　　△ 传统法式的空间中常见双耳类造型的陶瓷花器，表面常常用大量的
一些鲜花就能表达出如沐春风的感官效果　　　　彩绘进行修饰

📝 富有法式情调的装饰画

　　法式风格装饰画擅于采用油画的材质，以著名的历史人物为设计灵感，再加上精雕的金属外框，使得整幅装饰画兼具古典美与高贵感。当然金属质地的油画应选择挂在色彩简单的背景墙上，才能够形成视觉焦点。除了经典人物画像的装饰画，法式风格空间也可以将装饰画采用花卉的形式表现出来，表现出极为灵动的生命气息。

　　法式风格装饰画从款式上可以分为油画彩绘或是素描，两者都能展现出法式情调，素描的装饰画一般以单纯的白色为底色，而油画的色彩则需要浓郁一些。

△ 法式田园风格装饰画

△ 巴洛克风格装饰画

△ 法式洛可可风格装饰画

△ 法式新古典风格装饰画

讲究色彩与气氛搭配的餐桌摆饰

法式巴洛克风格通常采用天鹅绒、锦缎等华丽的桌布来衬托出桌面上精致华贵的餐具。餐桌的正中央通常会摆放一个银制或者瓷质花器。餐桌布置较为正式，虽然餐具、餐桌饰品齐全精美，但看起来不会繁杂无序。

法式洛可可风格的餐桌不一定需要桌布，甚至不需要餐巾和餐垫，因为餐桌需要露出其表面精美的木纹，餐桌的正中央，可以放一盆插在镀金瓷质花器中色彩淡雅的鲜花，在其左右各摆一支烛台。餐具比传统法式风格更加充满女性的柔美和优雅，造型也常常体现出非对称的特征。

法式新古典风格的餐具在选择上以颜色清新、淡雅为佳。餐具印花要精细考究，最好搭配同色系的餐巾，颜色不宜出挑繁杂。银质装饰物可以作为餐桌上的搭配，如花器、烛台和餐巾扣等，但体积不能过大，宜小巧精致。

法式田园风格需要营造出整洁、优雅的用餐环境，才能满足法国人这一天当中最快乐的时光，而且餐桌上总是摆满了鲜花、法式面包、葡萄酒以及奶酪等，充满了乡村生活的浪漫情调。

△ 精致华贵的餐具搭配金色暗花的桌布，衬托出法式风格的华美与典雅

△ 法式新古典风格的餐桌摆饰整体色彩以清新淡雅为佳，小巧精致的银质烛台是可起到点睛作用的装饰物

△ 餐桌上的鲜花与对称摆设的烛台最能表达法式风格浪漫优雅的气质

室内实战设计案例

7

法｜式｜风｜格

★ ★ ★ ★ ★

特邀点评专家

王拓

从业超过15年，主持并参与众多大型设计项目，游历多个国家和地区进行学术交流，近年来活跃于时尚及室内设计跨界，擅长传统文化与室内设计的结合，多年来深入研究风水文化，开辟了国内现代时尚风水室内设计之先河，并致力室内设计人才之培养，独创设计教育方式，设计的作品广泛刊登于各大杂志和媒体，著述及参与多部软装设计书籍。

[纳天佩思艺术设计]

[矩阵纵横]

🔍 | 风格主题
风格剖析 | **于山水间畅快地驰骋**

并不宽阔的书房空间，在水墨山水的衬托下，显得格外生动，委婉的曲线描绘着主人对于生活和工作的态度。新古典的金箔带来了无比的贵气，简约大气的线条，黑白分明的色彩搭配，让空间自然、生动，别具一格。

设计课堂 ｜ 半截书柜的设计打破了既有的书房布局，带来了耳目一新的感觉，也降低了高柜子带来的压迫感。黑色的地毯和书桌浑然一体，毫不突兀，把东方与西方审美法则完美地结合在了一起。

🔍 | 风格主题
风格剖析 | **壮阔天井的华美乐章**

客厅空间俨然一个戏剧的舞台，巨大的天井开阔壮观。桅杆处隐藏的空间延伸着人们的视觉，极富戏剧性的对比色彩醒目大气。巨大的羊毛地毯铺满整个客厅，让气质与奢华在此刻完美地融合，一台好戏即将上演。

设计课堂 ｜ 四方的布局带来了大气的空间条件，为了避免空旷，运用了非常多的金属装饰，转移了人们的视觉中心。满铺的地毯也很好地界定了空间区域，带来戏剧化的家庭空间装饰。

[纳沃斯博艺术设计]

Q | 风格主题
风格剖析　**历史与文化的传承与延续**

缕缕思绪慢慢回到印象中的新古典，法式的浪漫与中式的优雅完美地结合，在那个无比唯美的时代，跨越历史的界限，捡拾文化的点点尘埃。品味生活带来的馈赠，带来了无比愉悦的兴奋体验。高尚优雅的生活方式，值得每个人不懈地追求。

——————————————————————

设计课堂 | 整体色调比较粉嫩，有法式洛可可的清新与娇媚。这时需要重一点的色彩进行压制，中式的漆画工艺带来的黑金体验是无法言表的。复古埃及风的家居设计，则包含着对于历史与文化的传承与延续。

[悟相设计]

Q | 风格主题
风格剖析　**完美气质的豪奢雅逸**

挑空的空间布局给人视觉上的延伸感，搭配大幅金框装饰画体现出宏伟的气势。同时镜面的装饰扩大了整个空间格局，并形成了视觉盛宴。整个空间的色彩以浅色为主，点缀蓝色调整了整个空间的节奏感。

——————————————————————

设计课堂 | 法式奢华的贵气带来了几许虚浮感，需要充满意境和气质的元素调节。中式的水墨山水意境深远，能很好地调节这样的虚浮感，并能成为彼此相应的完美组合。

[尚层装饰]

Q | 风格主题
风格剖析　**转角邂逅新古典**

大宅的风范自然是豪气云天，就连楼梯间的设计也极富魅力。两层之间的楼梯转角，刚好安排出一个合适的起居空间，随时随地，欢聚一堂。淡淡粉蓝的色调，透露出一丝洛可可的优雅气质，新古典风格的家具整齐地排列组合，充满了仪式感。

——————————————————————

设计课堂 | 罗马柱早期是具有承重作用的，随着罗马券式结构的盛行，装饰意义渐渐取代了结构意义。亦变为了半柱，蓝色的阶梯结构搭配，深浅得当。大而浊、小而纯是其不变的法则。

[尚层装饰]

Q | 风格主题
风格剖析　**全家人的法式大餐**

家人间的陪伴，最令人兴奋的莫过于其乐融融的就餐时间了。大家相聚于此，彼此交流畅饮，体会这一刻的美好。柔和的浅灰色调带来了细腻的美食刺激。窗外的景色绿意盎然，呼吸着自然的神清气爽，品尝着法式大餐带来的极致体验。

——————————————————————

设计课堂 | 整个空间的白色设计，解决了一层空间的采光不足的问题。为了避免由此带来的空旷感觉，地面采用了菱形拼花的石材设计，瞬间压制住了空间。主副餐椅的设计，则把家庭成员的身份与地位很好地界定了出来。

第 六 章　Interior Decoration
Style

美式风格

室 内 装 饰 风 格 手 册

风格要素

风格起源

美式风格指的是来自于美国的室内装饰风格。众所周知，美国是一个典型殖民地国家，也是一个新移民国家。由于16世纪的美国曾受到西欧各国相继入侵，因而美国文化受到欧洲贵族、地主、资产阶级、劳动人民以及黑人奴隶等人在移民的过程中带来的各自不同国家地域的文化、历史、建筑、艺术甚至生活习惯等多方面影响。久而久之，这些不同的文化和风土人情开始相互吸收，相互融合，从而产生一种独特的美国文化。同样，美式家居也深受这种多民族共同生活的方式的影响，所以很多的美式风格家居中都能看到欧洲文化的历史缩影。美国人传承了这些欧洲文化的精华，更把塔希提，印度等文化融入居家生活中，又加上了自身文化的特点，渐渐地形成独特的美式居家风格。

美式风格在扬弃巴洛克和洛可可风格的新奇和浮华的基础上，建立起一种对古典文化的重新认识。它既包含了欧式古典家具的风韵，但又少了皇室般的奢华，转而更注重实用性，兼具功能与装饰于一身。这样的家居风格被誉为美式家居风格。

由于美国是由殖民地中独立起来的国度，因而美国文化崇尚个性的张扬与对自由的渴望。所以，美式风格中经常会出现一些表达美国文化概念的图腾，比如鹰、狮子、大象、大马哈鱼等，还有一些反映印第安文化的图腾来表现独有的个性。

△ 作为美国国鸟的白头海雕

△ 象征美国精神文化的自由女神像

△ 印第安文化和白头海雕图腾在现代室内家居设计中的运用

风格特征

美式风格以宽大、舒适、杂糅各种风格而著称。它独有一种很特别的怀旧、浪漫情结，使之能与宫廷风格的古典华贵分庭抗礼而毫不逊色。随着时代的变迁，曾经的宫廷式复杂的美式设计，现在又向着回归自然的设计方向发展，最后衍生出取材天然、风格简约、设计较为实用的美式风格特点。

美式风格家居喜欢使用一般至少两个层次的吊顶，在阴角处使用素面石膏线走边，加重层次效果，这样可以拉高空间的纵深感，使空间显得宽大舒适。如果遇到有大梁，通常借鉴地中海风格的一些处理手法，把低矮的大梁做成圆拱或者椭圆拱的形式。这样的处理很好地避免了为了遮掩大梁来使用过低的吊顶而造成的空间的压抑。在沙发造型上，多采用包围式结构，注重使用的舒适感，不管是圆形的扶手还是拱形的靠背，都表达出一种慵懒且实用的气息。在一些家具腿的处理上，借鉴了巴洛克和洛可可的风格，多采用兽腿形式或者弯曲造型等。美式风格中的床头、柜子顶部、沙发上沿喜欢使用一些简化的卷草纹造型，形成一种温馨的家居氛围。

在装饰材料上，美式风格常使用实木，特点是稳固扎实，长久耐用，例如北美橡木、樱桃木等，不同色泽呈现不同美式风格的力度。传统的美式风格多选择偏深色、褐色及木纹的地板来标志美式特有的温度；如果想表达美式乡村质朴，则可选择浅色调地板。护墙板是美式风格中不可忽略的细节，不仅形式丰富多样，有繁复有简单，而且可以平衡和协调居家空间，巧妙地运用能增强立体感，并为居家设计增添细腻度。美式家居通常空间面积都不小，并且注重采光，会较多地运用木质的百叶帘。此外，壁炉是美式风格家居必不可少的元素。古老的美式风格壁炉设计得非常大气，复杂的雕刻凸显着美式风格的特色。发展到今天的美式风格壁炉设计变得简单美观，简化了线条和雕刻，以新的面貌存在于家中。除了传统壁炉，还可使用有火焰图样的电热壁炉。以自然风格为主的空间，可以用红砖或粗犷石材砌成壁炉样式，形式上有将整面墙做满以及做单一壁炉台两种样式。

国内比较常见的美式风格分为美式传统古典风格、美式乡村风格和现代美式风格。

△ 具有复古感的美式家具表达了美国人对历史的怀念

△ 原始的壁炉和劳作的工具形成不做修饰的美式乡村感受

△ 大量实木材料的运用和宽大舒适的家具是美式风格的特征

◇ 美式古典风格

美式古典风格历经欧洲各式装饰风潮的影响，仍然保留着精致、细腻的气质。用色较深，绿色以及驼色为主要基调。一般正式的古典空间中会出现高大的壁炉，独立的玄关、书房等。而门、窗均以双开落地的法式门和能上下移动的玻璃窗为主。至于地面的材质大都以深色、褐色及木纹的地板来标志美式特有的温度。软装饰品以古董、黄铜把手、水晶灯及青花瓷器为重点。墙上也采用颜色较为丰富，且质感较浓稠的油画作品。

△ 美式殖民地时期向日葵柜子　　△ 美式殖民地时期温斯洛拼板椅

△ 美式古典风格以深色为主，家具具有粗犷感和年代感的特征

◇ 美式乡村风格

美式乡村风格非常重视生活的自然舒适性，充分显现出乡村的朴实风味，原木、藤编与铸铁材质都是美式乡村中常见的素材，经常使用于空间硬装、家具用材或灯饰。在地面颜色上，多选用橡木色或者棕褐色，使用带有肌理感的复合地板。美式风格注重实用性，所以很多时候在客厅或者起居室会采用具有复古花纹或者造型的地砖代替木地板。美式乡村风格家具的线条设计除了多采用无装饰雕工设计外，在原木的材质表面上还会刻意做出斑驳的岁月痕迹，展现出温润的触感设计，以释放生活的压力。此外，盆栽、小麦草、水果、瓷盘以及铁艺制品等都是乡村风格空间中常用的软装饰品。

△ 美式乡村风格多用质感粗犷的材料表现乡村的自然舒适感

△ 美式儿童摇椅　　　　△ 美式殖民地时期长箱　　　　△ 美式殖民地时期长椅

◇ 现代美式风格

现代美式风格家居摒弃了传统美式风格中厚重、怀旧、贵气的特点，家具具有舒适、线条简洁与质感兼备的特色，造型方面也多吸取了法式和意式中优雅浪漫的设计元素，有时也会融入带有自然风味的简洁家具，或者经过古典线条改良的新式家具，多以布艺家具为主，皮质家具为铺。虽然家具造型不复杂，空间色调却极为温暖。现代美式在墙面颜色上喜欢选用米色系作为主色，并搭配白色的墙裙形成一种层次感。即使是白色空间也会是冷调的白漆，多少带点灰色，让人感觉到温暖而舒适。此外，在现代感的美式空间中，地毯与木地板仍然是地面的主角。

△ 现代美式风格沙发

△ 现代美式风格柜子

[云啊设计]

△ 现代美式风格摒弃了传统美式的厚重，家具造型与线条更为简洁

装饰要素

01 复古吊灯

美式风格灯饰大多以复古粗犷的气质为主，如仿古铁艺、铜质吊灯、蜡烛灯、麻绳灯、吊扇灯等

02 宽大沙发

美式风格家具多选用体量大的家具，以显示自由奔放的气质，沙发上可多摆放一些抱枕

03 温莎椅、摇椅

美国温莎椅以其独特的优美形式，展现出美式的设计理念、自信的姿态和精湛的工艺技术

04 厚重实木家具

美式家具直观的第一印象是体积大、厚重，注重舒适性与实用性

05 仿古怀旧艺术摆件

美式乡村风格摆件追求自然朴实，讲求的都是一种劳动者的自由、勤奋和开拓进取的浪漫主义自然情怀

06 墙面挂盘

装饰挂盘是美式风格的经典装饰品，颜色丰富的手绘盘子配上自然生动的题材，无论挂在壁橱上还是玄关上都是一道亮丽的风景线

07 大量绿植花卉

美式风格崇尚自然纯朴的氛围，绿植花卉必不可少，可随意自由地摆放不受拘束

08 壁炉

壁炉已经成为一个家的价值符号、家庭的活动中心和财富的象征

09 护墙板

美式装修通常使用护墙板和墙裙来装饰墙面。这样的处理手法不仅装饰效果很强，还能很好地保护墙面

10 大量装饰画

美式风格挂画没什么固定的章法，注重体现空间自由、随意的生活气息，多用实木画框，以组合画形式出现

11 仿古地砖

仿古地砖耐磨防滑，具有浓郁的复古气息，可衬托出美式风格的厚重感

12 实木地板

美式风格的地板讲求自然、原生态，摒弃了过多的烦琐与奢华，选择结实耐用的实木地板，充分显现出朴实的风味

01
复古吊灯

[张慧设计]

02
宽大沙发

[上海映象设计]

03
温莎椅、摇椅

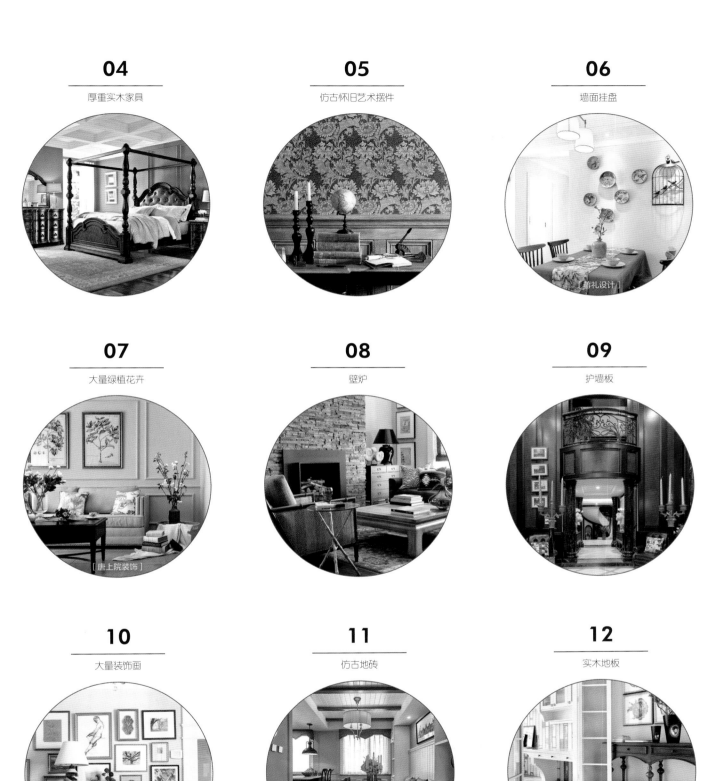

04

厚重实木家具

05

仿古怀旧艺术摆件

06

墙面挂盘

[慕礼设计]

07

大量绿植花卉

[唐上院装饰]

08

壁炉

09

护墙板

10

大量装饰画

11

仿古地砖

[青羽设计]

12

实木地板

[潮辉设计]

145

2

美 | 式 | 风 | 格

配色美学

在美式风格中，很难看到透明度比较高的色彩。不管是浅色还是暗色，都不会给人视觉上的冲击感。总体来说，美式风格追求自然的颜色。

其中美式古典风格主色调一般以黑、暗红、褐色等深色为主，整体颜色更显怀旧复古、稳重优雅，尽显古典之美；美式乡村风格的墙面颜色选取自然色调为主，绿色或者土褐色是最常见的搭配色彩；现代美式风格的色彩搭配一般以浅色系为主，如大面积地使用白色和木质色，搭配出一种自然闲适的生活环境。

[易和设计]

| 背景色 | C 57 M 50 Y 33 K 0 | 主体色 | C 12 M 10 Y 9 K 0 | 辅助色 | C 36 M 40 Y 40 K 0 |

📝 原木色

原木即没有经过复杂加工的木质材料，它们只是简单的上色或者保持原貌的简单加工。原木色就像是大自然的保护色，让人仿佛回归大自然的怀抱，呼吸着最新鲜的空气。美式风格中的原木色一般选用胡桃木色或枫木色，仍保有木材原始的纹理和质感，还刻意增添做旧的疤痕和虫蛀的痕迹，营造出一种古朴的质感，体现原始粗犷的美感。

| 主体色 | C 32 M 22 Y 15 K 0 | 辅助色 | C 73 M 86 Y 78 K 60 |

△ 大量的原木色材料表现美式乡村家居原始粗犷的美感

📝 大地色系

大地色系指的是棕色、米色、卡其色这些大自然、大地的颜色，它们往往给人亲切舒服的感觉，平实却又高雅。美式风格追求一种自由随意、简洁怀旧的感受，所以色彩搭配上追寻自然的颜色，常以暗棕色、土黄色为主色系。目前较为流行的现代美式在墙面颜色上喜欢选用米色系作为主色，并搭配白色的墙裙形成一种层次感。

| 背景色 | C 49 M 59 Y 65 K 0 | 主体色 | C 31 M 31 Y 29 K 0 |

△ 棕色墙面搭配白色护墙板形成层次感

| 背景色 | C 37 M 37 Y 43 K 0 | 主体色 | C 65 M 73 Y 93 K 43 |

△ 大地色系适合营造出复古怀旧的家居氛围

◇ 源自自然的图案

美式乡村风格中的图案大都来源于大自然，例如公鸡与母鸡等动物代表着美国早期移民生活的一部分，这类图案经常出现在餐盘、调料瓶以及餐具架上；而苹果图案代表着美式乡村风格的文化符号，经常出现在布艺、储物罐、咖啡杯、座钟以及台灯等物品之上。

△ 公鸡图案餐盘

 **绿色系**

绿色系在所有的色彩中，被认为是大自然本身的色彩。美式乡村风格非常重视生活的自然舒适性，充分显现出乡村的朴实风味，所以在色彩搭配上多以自然色调为主，散发着质朴气息的绿色较为常见。无论是运用在墙面装饰，还是布艺软装上，无不将自然的情怀表现得淋漓尽致。

背景色 | C 60 M 25 Y 39 K 0　　主体色 | C 65 M 75 Y 88 K 40

△ 绿色与深棕色的组合强调温馨舒适感

背景色 | C 50 M 28 Y 50 K 0　　主体色 | C 38 M 40 Y 55 K 0

△ 带点灰度的绿色抒发出自然质朴的情怀

家具陈设

3

美 | 式 | 风 | 格

　　美式家具表达了美国人对历史的怀旧，将欧洲皇室家具平民化。它的基础是欧洲文艺复兴后期各国移民所带来的生活方式，将英、法、意、德、希腊、埃及式的古典家具简化，将功能与装饰性集于一身，美式家具较意式和法式家具来说，风格要粗犷一些。传统的美式家具为了顺应美国居家空间大与讲究舒适的特点，一般都有着厚重的外形、粗犷的线条，皮质沙发、四柱床等都是经常用到的。尺寸比较大，但是实用性都非常强，可加长或拆成几张小桌子的大餐台很普遍。如果居室面积不够宽裕，可选择经过改良、以简约为特点的现代美式家具，具有美式造型，但是剔除了华丽的滚边、做旧、镶嵌等要素，既达到了风格的神似，又降低了使用成本。

　　在美式风格中，沙发通常都是单人与双人沙发的组合，或双人沙发与双人沙发组合。其实，这样保留了可移动机动性和空间感，自由怡然的生活可想而知。沙发表面多为质地饱满的布料或皮革款式，复古气息浓厚，细节部分则加入铆钉，强调细致特色。此外，矮柜作为美式家具的一种，使用普遍性较高，且兼具实用收纳和陈设的功能。简洁的框纹符合任何空间的架构，经过时光沉淀后，仿旧和本身木质纹理是最好的装饰。

做旧工艺家具

早期的美国人迁徙到西部时，用马车搬运的家具很容易碰伤，留下磕碰的痕迹。而今不会再有那样的迁徙，怀旧情结导致美国人在喜欢的家具表面进行做旧。在原本光鲜的家具表面，故意留下刀刻点凿的痕迹，好像用过多年的感觉。涂抹的油漆也多为暗淡的哑光色，排斥亮面，同样源于希望家具显得越旧越好。做旧的美式家具只是一种形式，并不是做工不好的原因。做旧的家具每一处都会透漏出家具的沧桑，体现出家具的历史感，并且每一处做旧的手法都是精心策划的，不会体现出不和谐的感觉。

△ 做旧工艺的家具可以塑造出历史延续的效果

◇ 温莎椅

温莎椅源于 18 世纪初的英国，至今在美国一直流行。主要是由旋术构件组成的一种实木椅子，是美式乡村风格标志性的家具之一。整体由全实木制成，椅背、拉档、椅腿等部件采用纤细的木杆旋切成型，由于其结构简单，坐起来十分舒适，而且椅背和座面根据人体工程学设计，增加了使用时的舒适感。根据造型上的差异可将温莎椅分为低背温莎椅、梳背温莎椅、扇背温莎椅、圈背温莎椅、弓背温莎椅、杆背温莎椅等形式。

[上海映象设计]

△ 温莎椅是美式乡村风格标志性的家具之一

厚重实木家具

美式风格的空间中，往往会使用大量让人感觉笨重且深颜色的实木家具，风格偏向古典欧式，用材主要以桃花木、枫木、松木以及樱桃木制作而成。家具表面通常特意保留成长过程中的树瘤与蛀孔，并以手工做旧制造岁月的痕迹。

[上海映象设计]

△ 美式风格家具不仅体积庞大，而且讲究厚重感

△ 显现自然木纹的深木色餐边柜营造出一种古朴的质感

◇ 多斗柜

在卧室里面总是少不了斗柜的存在，它既兼具强大的收纳功能，还能作为装修中的点睛之笔存在。美式风格的家居以功能性和实用舒适为选择的重点。颜色丰富、造型别致的多斗柜是体现自由、随意的不二选择，桌面上可放置书籍、花器、摆件等作为装饰，使空间更舒适温馨。美式多斗柜不必精致，甚至些许瑕疵都是可以允许的，如做旧的柜体表面、斑驳的漆面等，恰恰体现了美式的粗犷和淳朴。

△ 多斗柜除了收纳功能之外，还能作为一个摆放饰品的端景台

铆钉工艺家具

铆钉最早起源于二战时期的美国，后为摇滚乐所吸纳，并在朋克和后朋克摇滚时期风靡世界。当皮革与铆钉这种粗犷又不失细节的结合被应用于家具上，家居空间呈现出了别具一格的时尚古韵，这种运用在沙发上尤为多见。有些美式布艺家具中也少不了铆钉的装饰，天然的仿粗麻布纹理清晰，自然气息浓郁，边部的铆钉设置可避免纯色布艺的单调感。

△ 铆钉布艺沙发

△ 铆钉皮质沙发

4

灯饰照明

　　美式风格灯饰虽然注重古典情怀，并且是在吸收了欧式风格的基础上演变而来，但在造型上相对简约，更崇尚自然。灯饰材料一般选择比较考究的陶瓷、铁艺、铜、水晶等，常用古铜色、黑色铸铁和铜质为构架。

　　美式风格对于灯饰的搭配局限较小，一般适用于欧式古典家居的灯饰都可使用。只需要注意的是造型不可过于繁复，因为美式风格的精髓在于摒弃复杂，崇尚自然。其中美式乡村风格可选择造型更为灵动的铁艺灯饰，引入浓郁的乡野自然韵味，粗犷与细致之美流畅中和。而且铁艺具有简单粗犷的特质，可以为美式空间增添怀旧情怀。

| 鸣石设计 |

铜灯

铜灯是指以铜作为主要材料的灯具，包含紫铜和黄铜两种材质。铜灯的流行主要是因为其具有质感、美观的特点，而且一盏优质的铜灯是具有收藏价值的。美式铜灯主要以枝形灯、单锅灯等简洁明快的造型为主，质感上注重怀旧，灯饰的整体色彩、形状和细节装饰无不体现出历史的沧桑感，一盏手工做旧的油漆铜灯，是美式风格的完美载体。

△ 美式铜灯让沉静的历史文化感与清新的田园舒适感同时流溢

铁艺灯

铁艺灯的主体是由铁和树脂两个部分组成，铁质的骨架能使它的稳定性更好，树脂能使它的造型塑造得更多样化，还能起到防腐蚀、不导电的作用。有些铁艺灯采用做旧的工艺，给人一种经过岁月洗刷的沧桑感，与同样没有经过雕琢的原木家具及粗糙的手工摆件是最好的搭配。

△ 做旧的铁艺吊灯体现美式风格回归自然的特点

△ 美式风格铁艺灯

鹿角灯

鹿角灯起源于 15 世纪的美国西部，多采用树脂制作成鹿角的形状，在不规则中形成巧妙的对称，为居室带来极具野性的美感。一盏做工精美年代久远的鹿角灯，既有美国乡村自然淳朴的质感，又充满异域风情，可以成为居家生活中难得的藏品。

△ 起源于美国西部的鹿角灯给室内带来极具野性的美感

陶瓷灯

陶瓷灯的外观非常精美，目前常见的陶瓷灯大多都是台灯的款式。因为其他类型的灯具做工比较复杂，不能使用瓷器。美式风格陶瓷灯的灯座表面常采用做旧工艺，整体优雅而自然，与美式家具相得益彰。

△ 陶瓷灯通常作为美式客厅角落或卧室床头的局部照明

吊扇灯

吊扇灯是美式的经典要素之一，它既有实用性的照明作用，也有非常独特的外观设计。其中造型复古的木叶吊扇灯最合适美式风格空间，除了装饰效果突出之外，而且从材质角度上比金属、塑料等更环保。由于木叶吊扇灯具有自然的气息，不管用在客厅或餐厅，都能让人感到放松、舒畅，给人温馨和宁静感。

[大晴设计]

△ 木叶吊扇灯是美式乡村风格中最为常见的灯饰之一

　　美式古典风格的布艺材料选用高品质的绵绸、流苏，具有东方色彩的波斯地毯或印度图案的区块地毯，可为空间增添软调的舒适氛围。花布是美式风格中经典且不可或缺的元素，而格子印花布及条纹花布则是美式乡村风格的代表花色，尤其是棉布材料的沙发、抱枕及窗帘等最能诠释美式乡村风格自然的舒适质感。此外，红白或蓝白色彩相间的细方格图案也经常出现在美式乡村风格的布艺上。值得一提的是，美式风格的床品非常强调舒适感与温馨感，床上层层叠叠的靠枕、抱枕、主枕头，加上被子、毯子、床罩，厚厚的织物让人感觉特别温暖。

[曾晟设计]

表现简单随性气质的窗帘

美式风格的窗帘强调耐用性与实用性，选材上十分广泛，印花布、纯棉布以及手工纺织的麻织物，都是很好的选择，与其他原木家具搭配，装饰效果更为出色。美式风格的窗帘色彩可选择土褐色、酒红色、墨绿色、深蓝色等，浓而不艳、自然粗犷。传统美式风格的窗帘注重空间的和谐搭配，多采用花草与故事性图案。材质丰富且深色的绒布窗帘能凸显古典的美式空间，几何花纹的纯棉窗帘具有田园乡村的气息，是最常见的一种。其他窗帘纹饰元素还有雄鹰、交叉的双剑、星、麦穗等，如果觉得大型图案很难驾驭，也可以选择大气的纯色系窗帘，很适合简单随性的美式风格。

强调舒适感的床品

拼花与贴花被子是美国传统床品中的重要部分，它不仅作为床罩或者被子，也经常搭在沙发或者扶手椅上进行取暖。美式风格床品的色调一般采用稳重的褐色，或者深红色，在材质上面，大都使用钻石绒布，或者真丝做点缀，同时在软装用色上非常统一。美式风格床品的花纹多以蔓藤类的枝叶为原型设计，线条的立体感非常强，在抱枕和床旗上通常会出现大面积吉祥寓意的图案。此外，象征爱国主义的红蓝色调星形和条纹图案经常出现在美式风格的床品中。

△ 与室内整体色彩搭配和谐的美式风格窗帘营造自然的氛围

[鸣石设计]

△ 美式风格的床品图案通常以蔓藤类的枝叶为原型设计

[筑格设计]

△ 褐色一类的纯色系窗帘同样适合美式风格的空间

△ 美式风格床品多以简约优雅为特点，清新素雅的色彩更显知性

羊毛或麻质地毯

美式风格地毯常用羊毛、亚麻两种材质。纯手工羊毛地毯营造出美式格调的低调奢华，在美式家居生活的场景中，客厅壁炉前或卧室床前常放一张羊毛地毯。而麻质编织地毯拥有极为自然的粗犷质感和色彩，用来呼应曲线优美的家具，效果都很不错。

美式家居运用地毯最主要是为了踩着脚感舒服，淡雅的素色向来是首选。传统的纹样和几何纹也很受欢迎，但简单的大色块或者图案比较大的地毯会破坏家里比较和谐的配色关系。圆形、长椭圆形、方形和长方形编结布条地毯是美式乡村风格标志性的传统地毯。

美式风格空间中，客厅作为公共区域，使用含有两种或以上色彩的地毯有着更好的隐藏尘土效果。如果空间较大，一款图案传统大气的地毯就能带来相得益彰的效果。卧室是个性化的私密空间，地毯的花形和色彩最好与床上用品保持一定呼应。例如选择带有植物藤茎叶图案的羊毛地毯，跟带植物元素的床品呼应，或者底色保持呼应都能达到很好的效果。

[曾晟设计]

△ 美式风格卧室中的地毯的花形和色彩应与床品相呼应

△ 麻质编织地毯的粗犷质感符合美式风格追求自然的属性

6

软装饰品

美式风格的饰品偏爱带有怀旧倾向以及富有历史感的饰品，或能够反映美国精神的物品。在强调实用性的同时，非常重视装饰效果。除了一些做旧工艺的摆件之外，墙面通常用挂画、挂钟、挂盘、镜子和壁灯进行装饰，而且挂画的方式因为受到了欧洲理性建筑思维的影响，更多地会比较严谨地放在中间、平分墙面或对齐中线。

包含历史感的装饰摆件

在美式风格中常常会运用到一些饱含历史感的元素，选用一些仿古艺术品摆件，表达一种对历史的缅怀情愫，例如地球仪、旧书籍、做旧雕花实木盒、表面略显斑驳的陶瓷器皿、动物造型的金属或树脂雕像等。

壁炉是美式风格客厅必不可少的元素，而合理巧妙地搭配一些小摆件可以给壁炉增色不少。壁炉周围的大型装饰要尽量简单，比如油画、镜子等要精而少。而壁炉上放置的花瓶、蜡烛以及小的相框等小物件则可适当地多而繁杂。此外，壁炉旁边也可适当加些落地摆件，如果盘、花瓶等，不生火时放置木柴等都能营造温暖的氛围。

△ 富有怀旧气息的仿古艺术摆件是美式风格空间的最佳装饰元素

做旧工艺的装饰挂件

美式风格的挂件可以天马行空地自由搭配，不用整齐有规律。铁艺材质的墙面装饰和镜子、老照片、手工艺品等都可以挂在一面墙上，手工打造的木质镜框也是传统挂件之一，木框表面擦褐色后清漆处理。此外，美式空间的墙面也可选择装饰色彩复古、做工精致、表面做旧工艺的挂盘，会让家居更有格调。

挂钟是美式风格中最常用到的挂件，以做旧工艺的铁艺挂钟和复古原木挂钟为主，挂钟颜色的选择较多，如墨绿色、黑色、暗红色、蓝色等，钟面以斑驳木板画、世界地图等复古风格画纸装饰，挂钟边框采用手工打磨做旧，规格多样，造型不拘于圆形、方形，其中木质挂钟、椭圆形麻绳挂钟、网格挂钟都是不错的选择。

△ 美式风格挂钟

△ 美式风格挂盘

体现田园生活的绿植

美国文化具有随性和创新的特点。受其影响，花艺去除了多余的烦琐设计，既简洁明快，又不乏温暖舒适。对自然的情有独钟让其成了最具魅力的特点。花材上可选择绿萝、散尾葵等无花、清雅的常绿植物，美式风格花器常以陶瓷材质为主，工艺大多是冰裂釉和釉下彩，通过浮雕花纹、黑白建筑图案等，将美式复古气息刻画得更加深刻。此外，做旧的铁艺花器，则可以给家增添艺术气息和怀旧情怀；晶莹的玻璃花器以及藤制花器，在美式乡村空间中也能相得益彰。

[壹阁设计]

△ 浮雕花纹的做旧陶瓷花器刻画美式复古气息

实木边框的暗色装饰画

美式乡村风格以自然怀旧的格调凸显舒适安逸的生活，一般会选用暗色，画面往往会铺满整个实木画框。小鸟、花草、景物、几何等图案都是常见主题。画框多为棕色或黑白色实木框，造型简单朴实，可以根据墙面大小选择合适数量的装饰画错落有致地摆列。挂画的方式因为受到了欧洲理性建筑思维的影响，更多地会比较严谨地放在中间、平分墙面或对齐中线。

在美式乡村风格空间中打造一面照片墙更具生活气息，选择做旧的木质相框能表现出复古自然的格调，也可以采用挂件工艺品与相框混搭组合布置的手法。

△ 利用做旧的木质相框打造一面极具生活气息的照片墙

△ 实木画框与暗色画面是美式风格装饰画的两大特点

布置随意且富有温馨感的餐桌摆饰

美式风格的特点是自由舒适，没有过多的矫揉造作，讲究氛围的休闲和随意。因此，餐桌摆饰可以布置的内容丰富，种类繁多。烛台、风油灯、小绿植，还有散落的小松果都可以作为点缀。餐具的选择上也没有严格要求一定是成套的，可以随意搭配，给人感觉温馨而又放松，食欲倍增。

△ 美式风格的餐具通常随意搭配，重点是创造一种休闲且随意的氛围

★★★★★
特邀点评专家
李红阳

大连工业大学设计艺术学研究生，现就职于沈阳城市建设学院设计与艺术系，讲师。以不忘初心和坚持不懈为做人原则，遵循尊重生活和自然，为设计出动人的生活情趣空间而激动的设计理念。具有多年地产样板间和售楼处的软装设计经验，服务过万科、金地、万达、保利和融创等国内大型地产商。曾就职于北京菲莫斯软装培训机构，高级讲师，培养出大批国内优秀软装设计师。

[曾晟设计]

[鸣石设计]

Q | 风格主题 风格剖析 | 走进丛林的宽敞起居室

宽敞的现代起居室，选择三面围合的沙发摆放，搭配具有美式联邦风格的边柜，将室内空间有效围合成了独立的区域。逼真的鹿头装饰搭配四幅风景油画，成为墙面的主要装饰。顶棚的深色木作假梁搭配双层的木质铁艺吊灯，增加了顶面空间的层次感。

设计课堂 | 在现代的美式空间中，可选用航海地图、船舶、动物、鸟类、田园风格等主题挂画作为装饰。书柜内，可有18—19世纪小说、传记、传教文学、散文，以及莎士比亚、菲尔丁、卡莱尔、斯威夫特、赛缪尔·约翰逊、弥尔顿等大师力作作为收藏及装饰。

Q | 风格主题 风格剖析 | 流动中的天蓝色

深色的黑胡桃木做饰面板，搭配米黄色的大马士革花纹壁纸，奢华又简洁，与餐厅中家具的气质相一致。黑色弓背温莎椅既实用，又朴拙。天蓝色的刺绣桌旗与墙面挂画的背景色及餐桌花艺中的点缀色保持协调。几何竖线条的餐桌餐垫、餐盘色彩也与之呼应。高贵的天蓝色在整个餐厅中流动铺新，协调统一。

设计课堂 | 在本案的餐厅设计中，天蓝色为点缀色，其体现在餐桌的花艺、餐盘衬布、餐盘、桌旗花艺及墙面挂画的背景色中。天蓝色以其高饱和的色相，在空间中起到了纽带的作用。

[上海映象设计]

Q | 风格主题
风格剖析　**舒适休闲且怡人的现代美式客厅**

纯白色的木作墙面，干净整洁。电视上方的拱形造型及两侧壁柱，都在述说着过去的历史。独具美式风格的纯棉印花蝴蝶沙发包布，以一种自然的、生动的方式展现其中。最具放松感受的温莎休闲摇椅，在色彩上与远处窗帘颜色呼应，并与屋内的饰品、花艺结合，创造出舒适休闲怡人的现代美式客厅。

设计课堂 | 纯棉印花的花鸟图案布艺，一般作为空间中的配布出现，用于呼应主题，调节单调、乏味的视觉效果。适用于单人沙发、单椅、窗帘主布以及沙发靠包的布艺上。

[集参设计]

Q | 风格主题
风格剖析　**穿梭于现代华美与古典的优雅**

具有新古典气质的现代美式客厅，华贵的孔雀蓝色单椅搭配时尚的犬牙纹的沙发，典雅而浪漫。高大的蛋壳椅无疑成为空间中最显眼的摆放，具有古典气质的椭圆茶几、小圆边几穿梭其中，丰富而富有品质。利用家具造型、布艺色彩与图案的变化，创造出一个既现代华美又古典优雅的美式客厅。金属材质的灯饰与饰品，呼应了空间的主题搭配。

设计课堂 | 孔雀蓝，静谧与深邃，充满着高贵而神秘的力量。在软装设计中，常选用其为点缀色运用，如单椅的包布、靠包、窗帘包边、沙发搭毯及地毯等。

[鸣石设计]

Q | 风格主题
风格剖析　**具有自然情怀的奢华美式客厅**

深色的黑胡桃木作框线内嵌桃花心木饰面板，搭配西班牙米黄大理石及雅士白壁炉，构成了奢华大气的整体空间氛围。在客厅的中央位置悬挂了5层高的超大鹿角蜡烛吊灯，与壁炉上方的鹿角挂饰相呼应。以壁炉为中心，饱满对称的家具摆放，利用传统的羊毛地毯，有效地围合了中心区域，使其有序地呈现在空间中。各式各样的复古相框、铁艺烛台、实木手工雕刻摆件，无一不在向人们介绍这段具有自然情怀的奢华美式客厅。

设计课堂 | 鹿角吊灯模仿了鹿角的造型，并采用了欧洲古典的烛台照明方式，将悬于顶端的烛台改为灯泡，造型保持一致。这类吊灯常用于美式风格中，以暗示主人具有野外猎狩的经历，用于创造主题风格非常有效。

第 七 章　Interior Decoration
　　　　　Style

日 式 风 格

室 内 装 饰 风 格 手 册

风格要素

风格起源

日式风格又称和式、和风，起源于中国的唐朝，盛唐时期由于鉴真大师东渡，将当时唐朝的文字、服饰、宗教、起居、建筑结构、文化习俗等传播到了日本。日本与中国有着极其相似的地方，深受中国文化的影响，中国人的起居方式在唐代以前，盛行席地而坐，因此家具主要以低矮为主。日本学习并延续了中国初唐时期低床矮案的生活方式，并且一直保留到了今天，而且形成了完整独特的体系。唐朝之后中国的装饰和家具风格依然不断地传往日本。在日本极为常用的格子门窗，就是由宋朝时期传入日本，并一直沿用至今，并成为古典日式风格的显著特征之一。

在众多中式文化中，禅宗文化对日式风格的影响最为显著，日本把对禅宗的顶礼膜拜，做了更深层次的解读和发扬，并运用到了建设装饰设计之中。日式风格与中式风格相比最不同之处就是加入了自然的元素，更强调天人合一。中式建筑往往是封闭的空间，不管是紫禁城还是民居，都是把人和自然严格界开的，而日式建筑往往都是掩映在重重叠叠的庭院或山林中，更贴近自然，强调舒适性，这其实就是中式和日式建筑的思想本源的区别。

在装饰风格中则体现出清新自然，蕴含禅意，"返璞归真、与自然和谐统一"是日式风格的核心，也表现日本人讲究禅意，对淡泊宁静，清新脱俗生活的追求。擅长表现空间的流动与分隔，流动则为一室，分隔则分几个功能空间，空间中总能让人静静地思考，禅意无穷。同样也是深受禅宗文化影响才得以形成。

△ 日式风格室内装饰一直保留了中国初唐时期低床矮案的生活方式

△ 由中国宋朝时期传入日本并沿用至今的格子门窗，是古典日式风格的显著特征之一

此外，日式风格善于借用室外的自然景色为家居空间装点生机，热衷于使用自然质感的材料，因此呈现出与大自然深切交融的家居景象，其中室外自然景观最突出的表现为日式园林枯山水，也是禅宗美学对于日本古典园林影响深刻的体现，几乎各种园林类型都有所体现。无论是舟游、回游的动观园林，还是枯山水、茶庭等坐观庭园，都或多或少地反映了禅宗美学枯与寂的意境，将禅宗美学的各种理念发挥到极致。

除传统的日式风格以外，日式风格还呈现现代、科技、艺术的一面，现代日式风格从20世纪80年代后期受后现代设计风潮的影响，设计上对外观非常注重，甚至到了影响功能的程度，这是日本泡沫经济的一个时代特征。90年代初泡沫破裂，日本陷入萧条，设计风格又向本质回归，天然材质的使用又开始流行，出现了MUJI、Zakka等一些时下流行的表现形式。

△ Zakka 是从日本风靡整个亚洲乃至全世界的一种设计潮流，特点是将琐碎与自然融入整体

△ 日式园林枯山水反映了禅宗美学枯与寂的意境

△ 日式风格深受禅宗文化的影响，强调清新自然，蕴含禅意的室内氛围

风格特征

日式风格的家居空间往往呈现着简洁明快的特点，不仅与地方的气候、风土及自然环境相融合，而且能营造出一种不带明显标签的文化氛围。在现实层面，旨在于窄小住宅中通过设计充分利用空间，以及装置现代设备、家具，极力地追求着生活的舒适和方便，"用小面积展示大空间"是日式风格装饰的主要特点。在精神层面，日本禅宗信奉简易优于复杂，幽静优于喧闹，轻巧优于笨重，独特优于庞杂。因此，日式风格的家居装饰也包含着对自然以及信仰的追求。

时至今日，日式风格已不仅仅是老式的榻榻米、格子门窗等元素，更让人着迷的是其崇尚简约、自然，以及秉承人体工程的风格特点。现代日式家居风格秉承了一贯的自然传统，崇尚根据自然环境来设计装饰家居空间，使居住环境紧紧追随大自然的脚步，并结合素材的本色肌理及天然材料的特殊气息给人以平静、美好的感觉。

◇ 传统日式风格

传统日式风格一般采用清晰的线条，居室的布置优雅、清洁，有较强的几何立体感。能与自然融为一体，借用外在自然景色，为室内带来生机，选用材料上特别注重自然、质感，大量运用木材、草席、插花等天然的材质。传统日式风格中还常常混搭中式风格，在自然气息中更增加古朴雅致的禅意味道。

△ 传统日式风格淡雅简洁，取材自然，表现出古朴雅致的禅意

◇ 现代日式风格

现代日式风格在暗示使用功能的同时强调设计的单纯性和抽象性，运用几何学形态要素以及单纯的线面和面的交错排列处理，避免物体和形态的突出。尽量排除任何多余的痕迹，采用取消装饰细部处理的抑制手法来体现空间本质，并使空间具有简洁明快的时代感。

△ 现代日式风格简化传统元素，呈现出简洁明快的时代感

装饰要素

01 榻榻米

日式风格典型的元素，同时也可节省空间

02 格子门窗

传统日式风格的重要元素，现代日式风格中也会出现

03 天然材质

日式风格崇尚自然，多采用实木、竹、藤、麻等材质

04 低矮实木家具

在传统日式风格里，很多地方特别是榻榻米上用的家具一般都比较低矮

05 和风元素

鲤鱼旗、和风御守、日式招财猫、江户风铃等作为软装饰品

06 纯天然棉麻布艺

纯天然棉麻布艺是日式风格中主要布艺材质，用于格栅、屏风或家具软包

07 无棱角弧度设计

家具棱角多采用自然圆润的弧度设计

08 收纳功能家具

日本崇尚断舍离精神，去除多余，讲究合理利用空间

09 茶道文化元素

茶具茶盘摆件在日式空间里必不可少

10 花道文化元素

在花器的选择上以简单古朴的陶器为主，其气质与日式风格自然简约的空间特点相得益彰

11 枯山水

常见于日式风格室外与室内空间，表现在软装设计上可以是微型盆景摆件

01

榻榻米

[木桃盒子]

02

格子门窗

[日作设计]

03

天然材质

[李柏林设计]

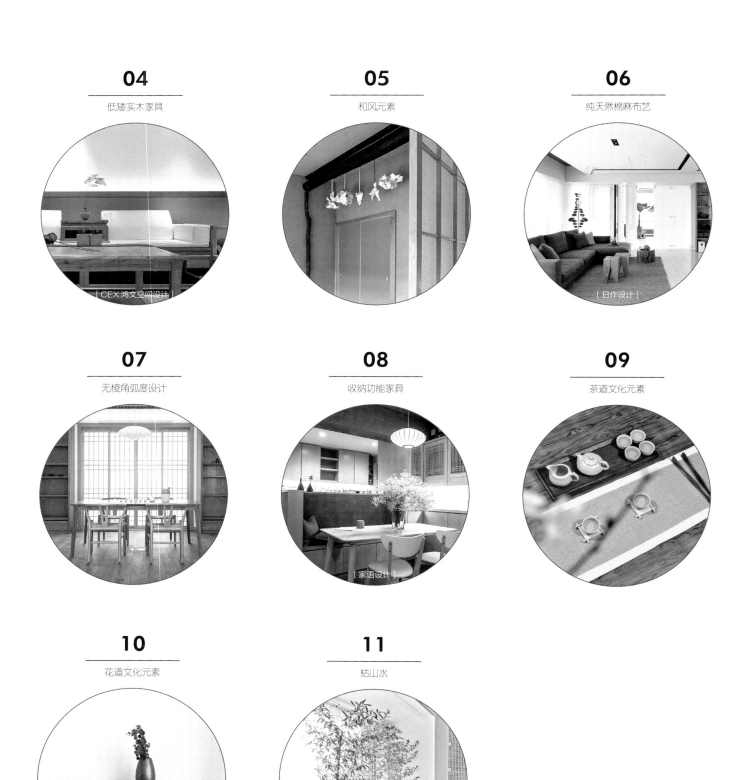

04

低矮实木家具

[CEX 鸿文空间设计]

05

和风元素

06

纯天然棉麻布艺

[日作设计]

07

无棱角弧度设计

08

收纳功能家具

[家语设计]

09

茶道文化元素

10

花道文化元素

11

枯山水

配色美学

　　日式风格的室内设计中，从整体到局部、从空间到细节，无一不采用天然装修材料，草、竹、席、木、纸、藤、石等材料在日式风格的空间中被大量运用。从地面到屋顶都采用最天然最朴实的材料，同时尽量保持原色不加修饰，极少用金属等现代化装修材料。这种亲近自然的装修方式展示出一种祥和的生活意境与宁静致远的生活心态。日式风格的配色都是来自于大自然的颜色，米色、白色、原木色、麻色、浅灰色、草绿色等这些来自于大自然原有的材质的本色，组成了柔和沉稳、朴素禅意的日式空间。

[品川设计]

主体色 | C 49　M 35　Y 27　K 0　　　　辅助色 | C 22　M 22　Y 28　K 0　　　　点缀色 | C 5　M 29　Y 93　K 0

📝 原木色 + 白色

　　木色与白色是日式风格空间中不可或缺的色彩，原木与本白两种色彩，不经意地搭配就能让木色变得更为清新自然，白色变得更为明亮温暖。白色与原木色的搭配，可以让日式风格的空间显得清新整洁并且充满自然气息。

背景色	C 38 M 40 Y 55 K 0	

主体色	C 29 M 31 Y 36 K 0	

[品川设计]

[CEX 鸿文空间设计]

△ 原木色与白色的搭配是日式风格的常用色彩之一，表现出清新自然的气质

📝 原木色 + 米色

　　日式风格中的家居装饰以原木及竹、藤、麻和其他天然材料颜色为主，形成朴素的自然风格。墙壁多粉刷成米色，与原木色和谐统一，软装多使用米色系布艺或麻质装饰物，这种自然色彩的介入，能够让人安详和镇定，以达到更好的静思和反省，这与当时日本禅宗的兴起相辅相成。即便墙壁有华丽的花纹，也是艳而不乱，带有深深的古朴韵味。

背景色	C 15 M 15 Y 15 K 0	

主体色	C 27 M 30 Y 35 K 0	

[木桃盒子]

△ 原木色与米色营造的家居氛围总能让人静静地思考，禅意无穷

原木色 + 草绿色

　　来自大自然柔和的草绿色调，与原木色是非常契合的搭配，再加上低调而简约的造型，这在当今由钢筋水泥等工业材料组成的现代化城市中别具一格、清新脱俗，与现代忙碌都市人所追求的悠然自得、闲适的心态相得益彰。置身这样的空间，即便身居闹市，也有远离喧嚣、回归自然的感受。

背景色	C 25　M 16　Y 49　K 0

辅助色	C 33　M 35　Y 49　K 0

△ 草绿色与原木色的组合清新脱俗，给人回归自然的感受

蓝色 + 白色

　　蓝白色是日本最为典型的"百姓色"，蓝白色的搭配来源于日本早期的工艺限制，由于当时的染织工艺都是使用天然的植物染料给纺织品上色，虽然植物也能染出五彩缤纷的颜色，但是最普及的就是这种深蓝色的靛青蓝，其优点有价格低廉、颜色鲜艳，而且保持时间长，因此在当时一度成为平民百姓和武士阶层最为追崇的配色。再加上日本四面临海，对大海的崇拜也加深了日本人民对蓝白配色的情怀。一般在传统风格里面运用较多。

主体色	C 98　M 87　Y 55　K 20

辅助色	C 0　M 0　Y 0　K 0

△ 蓝白色是日式传统风格的布艺中较为典型的配色组合

3

日｜式｜风｜格

家具陈设

　　日式风格的家具一般比较低矮，而且偏爱使用木质，如榉木、水曲柳等。在家具的造型设计上尽量简洁，既没有多余的装饰与棱角，又能够在简约的基础上创造出和谐自然的视觉感受。

　　提起日式家具，人们立即想到的就是榻榻米，以及日本人相对跪坐的生活方式，这些典型的日式特征，都给人以非常深刻的印象。

　　明治维新后，西式家具和装饰工艺对日本家具产生了极大的影响，以其设计合理、功能完善，并且符合人体工学，对传统日式家具形成了巨大的冲击。时至今日，西式家具在日本仍然占据主流，但传统家具并没有消亡，因此日式风格家居在家具的选择上，形成了日式西式结合的搭配手法，并为绝大多数人所接受，而全西式或全和式都很少见。一般日本居民的住所，客厅、饭厅等对外部分是使用沙发、椅子等现代家具，而卧室等对内部分则是使用榻榻米、灰砂墙、杉板、糊纸格子拉门等传统家具。传统日式家具的形式，与中国的古代文化有着莫大的关系。而现代日本家具，则完全是受欧美简约风格熏陶的结果。日式现代家具清新、秀丽，把东方的神韵和西方的功用性、有机造型相结合。形体上多为直角、直线型设计，线条流畅。制作工艺精致，使用材料考究，多使用内凹的方法把拉手隐藏在线脚内。家具在色彩的采用上多为原木色，旨在体现材质最原始最自然的形态。

△ 传统日式家具

△ 现代日式家具

◇ MUJI 风简约日式家具

始于日本的品牌"MUJI"无印良品。现代人所提及的日式简约风，在"MUJI"中全部表现出来——设计简洁、高冷文艺、禁欲主义。随着日式风格在年轻人中悄然兴起，MUJI 也已经不再是一个家居品牌，而成为一种生活方式，MUJI 崇尚的理念是不要多余的奢华，回归本质，家居物品不追求太多的外在，更加注重外观质朴及材质的品质。

MUJI 风颜色相对单一，空间中随处可见的原木家具，装饰品较少，更多地注重物品的功能性与空间的收纳。打造出一个朴实、简单的家，没有纷繁的色彩，没有华丽的修饰，力求给人一个无拘无束舒适宁静的自然空间。

MUJI 风的豆沙包简直是懒人必备，不管是毛线编织，或者是纯棉材质都好，一个小小豆沙包随意安放随时躺，想怎么坐就怎么坐，简直是完美自由变形的沙发。放在客厅或阳台、卧室或书房，随便你自由发挥。打造轻松慵懒的新日式空间，非它莫属。

△ 毛线编织豆沙包　　　△ 纯棉材质豆沙包

△ MUJI 风家具的特点是简约、自然、平实舒适且富有质感

 ## 榻榻米

榻榻米是日式风格中最为常见的家具，也是最具日本特色的装饰元素，因此在日本人的生活中占有重要的地位。榻榻米的使用范围非常广泛，不但可以用来作为装饰房间的铺地材料，还可以作为床垫，同时也是练习柔道、击剑等体育项目的最佳垫具。纯正的日式榻榻米因为是天然制品，所以软硬适中、冬暖夏凉，对儿童的骨骼生长发育和老人的脊椎、腰椎都有极好的养护作用。同时也可以很好地为紧张忙碌的都市人作为解乏之用。

△ 日式的榻榻米是用蔺草编织，充满了雅致与古朴的特色

 ## 禅意茶桌

日式风格的茶桌以其清新自然、简洁淡雅的特点，形成了独特的茶道禅宗气质。搭配一张极富禅意的茶桌，可以在日式风格的空间里营造出饱含诗意、闲情逸致的生活境界。传统日式禅意茶桌的桌脚一般都比较短，整体显得比较低矮，简约复古，桌面上往往会配备齐全精美的茶具。在充满禅意的环境里品茶，既富有审美情趣，也有利于道德情操的修养。

△ 富有禅意的茶桌具有独特的茶道禅宗气质

4 灯饰照明

　　日式风格的照明体系直接受日本和式建筑影响，讲究空间的流动与分隔，流动则为一室，分隔则分几个功能空间，所以采用了多方面的照明来调整空间布局。又由于日本人崇尚自然的生活方式，非常注重灯光对于室内氛围的作用，所以日式空间的灯饰不是过分强调主光源的重要性，反而台灯、地灯、壁灯和落地灯等这些氛围光源在空间中的地位更为重要，一般选择温暖舒适的暖黄光源来打造，这些光源不是很亮、光线柔和而不刺眼，并且更能舒缓情绪，用来打造温馨和谐的空间氛围，是最好不过的。虽然光源比较分散，但是对每一块区域都有关怀。在这样的空间中总能让人静静地思考，禅意无穷。在灯饰的样式上也依然遵循日式一贯的朴素实用的原则，选用材料上也特别注重自然质感，比如原木、麻、纸、藤编、竹子等材质被普遍应用。

　　传统风格的灯饰在材质及外形的设计上和传统中式灯饰有着异曲同工之处。所以在打造传统日式风格时，除了日式传统灯饰以外，有些造型较为简洁，体量轻巧、颜色朴素的中式灯饰，也可以混搭进来。比如一些藤编灯、灯笼灯都是不错的选择，禅意韵味十足。日式现代风格简约自然的气质又和北欧风有很多相似之处，特别是 MUJI 风的新日式，搭配一些简洁而颜色丰富、有设计感的北欧灯饰，会让空间更具有放松自在的氛围。

纸灯

　　纸灯是日本早期非常具有代表性的灯饰，日式纸灯受到了中国古代儒家以及禅道文化的影响，传承了中国古代纸灯的文化美学理念，并且结合了日本的本土文化，逐渐演变而来。在日本文化中，明和善是神道哲学的重要内容，这时期的纸灯也更加体现出了对这一文化的尊重。日式纸灯主要由纸、竹子、布等材料制作而成。纸灯的形状、颜色以及繁与简之间的变化体系都与中式纸灯有着很大的区别。

△ 纸灯具有质感轻盈飘逸的特点，是早期日式风格家居中最具代表性的灯饰

△ 日式风格纸灯

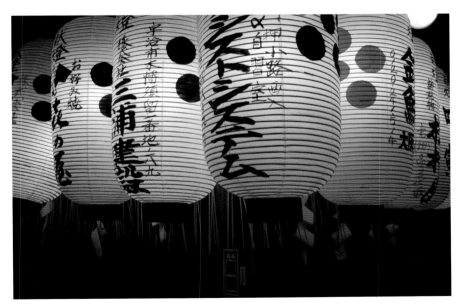

△ 纸灯笼在日本被作为传统工艺传承，是一个怀古的象征物，也是生活中不可或缺的用品

日式石灯笼

日式石灯早期是作为日本古典庭院的装饰灯饰，以其古典优雅的气质被逐渐地引入到了家居设计中。在日式风格中，石灯笼的灯光有着非常独特的装饰作用，它给予空间白昼和黑夜光与景的融合。从石灯笼灯光的设计角度来看，并没有采用完全照明的方式，而是以光源作为路引，采用局部照明使光线分布均匀，让整个空间的厚重感扑面而来。因此日式石灯笼不仅可以为家居提供辅助照明，而且为空间增添古朴而优雅的气质。

△ 日式石灯笼最早应用于日本古典庭院的设计，对日式庭院照明起到了代表性的作用

木质吸顶灯

由于日本地少人多，通常家居空间的面积都不会很大，而且层高也较为局限，因此在灯饰的选择上，一般会使用吸顶灯作为主照明，解决了低矮空间局限的问题。日式风格的家居，常以自然材质贯穿于整个空间的设计布局中，在灯饰上也是如此，简约的实木吸顶灯，让空间更显清雅。自然淡雅是日式木质吸顶灯设计的主要特点。在颜色上，保持着木质材料的原有色泽，并不加以过多的雕琢和修饰。考虑到日式风格的空间是纯框架结构，因此在灯饰的设计上，一般采用清晰的装饰线条，利用简单的序列线条增加空间的体量感，让整个日式风格的居室布置呈现出优雅、清洁的感觉。

△ 日式风格吸顶灯

日本的布艺无论是制作技艺还是其中所蕴含的文化意象，都与中国传统的布艺文化有着紧密的关联。比如日本和服的发展可以说是直接借鉴了中国的刺绣和印染技艺。日式风格有它固有的美态，布艺也秉承着日式传统美学中对自然的推崇，彰显原始素材的本来面目，摒弃奢侈华丽，以淡雅节制、含蓄深邃的禅意为境界，所以天然的棉麻材质是最好的选择。

📝 简洁素雅的窗帘

现代日式风格窗帘一般以朴素使用为主，并不在空间中做过多的强调，样式也以简洁利落为主，一般没有帘头的设计。现代日式风格大多选择带有简约气质的纯棉布和清新自然的色彩，淡绿色、淡黄色、浅咖色最常被用到，并呼应家具中的点缀色，旨在打造恬淡和谐的空间。

△ 现代日式风格空间首选没有帘头设计的纯色棉布窗帘

日式和风门帘

一般在传统日式风格的餐厅或者居室中常常会看到各种图案古韵的门帘，最早叫作"暖帘"，大约是日本室町初期从中国传入。起初，禅院里的僧人、山村里的农民、海岸边的渔夫或小镇上的商贩，习惯在门口悬挂一块布帘子，或自编的草席子，叫"垂席"或"垂莲"，用来遮挡风尘用的。

现在保留下来主要是用作装饰和宣传的用途，开启方式常见的是对开式，还有一体式和多开式。挂上这样一幅帘子，日式传统的和风味道扑面而来，既美观又实用，同时还具有简单容易实现的风水作用。图案也有很多种选择，都是一些常见的吉祥图案，如海浪纹、浮世绘、樱花、仙鹤等题材。

△ 和风门帘上通常带有仙鹤等日式传统吉祥图案

△ 早期的和风门帘用来遮挡风尘，现代日式风格中主要是用作装饰和宣传

棉麻格纹床品

走进日式风格的卧室，在这里能让人卸下所有疲惫，感受到温馨的呵护和包容，清新自然、简洁恬淡，形成了独特的家居风格，对于活在都市中的人来说，日式床品环境所营造的闲适、悠然自得的生活境界，也许就是所追求的一种回归自然的途径。

这种放松和舒适作为日式风格卧室设计的重要诉求，要求对色调和材质的把握尤为重要。

低饱和度的条纹和格子设计，去掉繁杂装饰，用色纺纱织成的面料具有朦胧立体、饱满柔和的质感，颜色自然有层次，对环境、对人体都具有很高的环保性和亲和性。纯棉材质的床品也是打造日式风格的不二选择，特别是天竺棉，它质地柔软，具有良好的透气性和延展性，面料触感无比柔软，犹如贴身衣物，贴近自然。

日式简约风格的床品一般有 AB 面设计，简约时尚，随心而换，符合现代人的生活品质要求。

天然麻材质的面料原色与舒适的棉纱相互交织，既保留了麻的透气又增加了棉的柔软，舒适性好，经久耐用。竹节纹理更生动地凸显质感，返璞归真，自然舒适。

[禾桃盒子]

△ 低彩度的格纹棉麻床品营造简洁恬淡的氛围

软装饰品

日|式|风|格

6

日式风格往往会将自然界的材质大量地运用于家居空间中，以此表达出对大自然的热爱与追崇，因此在家居软装饰品上也不推崇豪华奢侈，而应以清新淡雅为主。日式风格装饰美学的禅学诗意、细腻精致，犹如一股清流，治愈着身在重压之下的年轻一代。日式家居饰品以简约的线条、素净的颜色、精致的工艺独树一帜，并因简约之中蕴含着禅意而耐人寻味。

[日作设计]

日式枯山水摆件

日本庭院设计是日式美学的精髓，其所传达的禅意与侘寂，正是日本人用身体力行的生活方式，通过长期的磨砺与探索，获得的一种洗练而气场强大的美学风格。植物多有枫叶、松树、茶树、藓类、蕨类、竹子，还有其他的乔木类和灌木类的树种。有传说在日本，寺院里的和尚都是将枯山水作为冥想的辅助工具，以静止不变的元素，营造让心宁静的氛围。在创造过程中感悟融于天地的禅意。

在传统日式风格和中式风格中，枯山水在室内软装中经常以微型景观的形式出现，配色经典、简约，不管放在书房、客厅或是办公室都非常有意境，既可以观赏又可以随手把玩，借助白沙和景观石，可随心创造观者心中的景致，感受广阔的大自然。

△ 微型景观形式的枯山水

侘寂美学瓷器

提到日式风格，也不得不提侘寂之美。简单解释就是日本美学所追求的是黯然之美，侘寂的美学意识就是黯然、枯寂，也就是无法圆满具足，退而求其次地以粗糙、哀美之姿传达其意识。所以在日本的瓷器茶具等器物设计上，以雾面的表现处理取代亮面，以手工的手渍替代人工的光滑，以裸露的处理过程取代完美的精密缝制。日本的手感文化脉络一直离不开自然素材，甚至是浸润于自然间所展现的谦怀气度。因为运用手工所制作出来的器物，在一段时间中，工匠的手渍已融合于自然素材表面的自然质地，再经由使用者使用时的接触、触摸与把玩，更甚者呈现工匠出品前不同的质地变化，增加了使用者的情感依恋。同时又感觉是一种消极、谦卑、退缩，但是进一步地观察这些瓷器，却是一种精练的极致手艺的表现，一种对细节处的执着坚持精神。

△ 日式风格侘寄美学瓷器

[清大环艺]

△ 侘寂美学瓷器以粗糙、哀美之姿传达黯然之美

有着东洋艺术明珠美誉的浮世绘

浮世绘即日本的风俗画，是起源于日本江户时代的一种独特的民族绘画艺术。在绘画内容上，浮世绘有着浓郁的日本本土气息，有四季风景、各地名胜等，而且有着很高的写实技巧，同时也具备非常强烈的装饰效果，在日式风格的空间里，如能搭配几幅浮世绘挂画作为家居的墙面装饰，可以为家居空间增添日式风韵。

现代日式风格中也常常会植入一些复古元素，浮世绘元素的家居单品就是很不错的选择，比如在沙发上可以选择一两个浮世绘仕女图抱枕作为点缀，为现代日式空间融入浓浓的和风古韵。

△ 浮世绘起源于日本江户时代，是一种独特的民族绘画艺术

△ 富有日式风韵的浮世绘装饰画

兼具实用性与观赏性的餐桌摆饰

日式风格的餐桌摆饰讲求精致与不对称的美感，并且奉行极致简单的特点。在干净的碟子上面，放上一朵雕刻好的简单的蔬菜花，在不经意间流露出了食物的自然美。日本料理让人着迷，不单单是因为它是一场味觉的饕餮盛宴，更是视觉艺术上的享受。日本料理的考究也体现在它的季节性，

不同季节选用的食材也不同，而作为盛料理的器皿也是如此。不同的季节，器皿上的图案也不同。其拼摆多以山、川、船、岛等为图案，并以三、五、七单数摆列，品种多，数量少，自然和谐。器皿有船形、方形、圆形、仿古形、五角形等，多为瓷制与木制，整体典雅大方，并兼具实用性与观赏性。

△ 日式风格餐桌摆设兼具实用性与观赏性，餐具以瓷制与木制为主

具有独创精神的日本花艺

日式插花以花材用量少、选材简洁为特点。虽然花艺造型简单，却表现出了无穷的魅力。就像中国的水墨画一样，能用寥寥数笔勾勒出精髓，可见其功底深厚。在花器的选择上以简单古朴的陶器为主，其气质与日式风格自然简约的空间特点相得益彰。日式插花与欧美花艺的风格不一，并且在世界插花界中占有一席之地。不论是日本插花、中国插花，都属东方插花的范畴，都以简洁的线条变化为主，并善于将人的思想转嫁于花艺之中，展现出东方人的细腻、富有内涵的特点。

[木桃盒子]

△ 日式插花和中式传统插花一样，都以线条为主，讲究意境，崇尚自然

◇ 日本茶道文化

日本茶道起源于中国，中国唐宋时期饮茶盛行，这时日本派许多留学生到中国求学，其中较有名的是最澄、空海、荣西等僧人，他们把中国种茶、制茶、烹茶的技术带回日本，使日本饮茶习惯推广到民间，后来形成"茶道"。在日本茶道将日常生活行为与宗教、哲学、伦理和美学熔为一炉，成为一门综合性的文化艺术活动。它不仅仅能满足人的物质享受，更能陶冶性情，培养审美观和道德观念。

茶道不同于一般的喝茶品茗，除了因为它有交流的作用，还因为它有一套属于自己的严格程序和规则，包括对点茶、献茶、接茶、品茶、奉还，以及茶具的选择与欣赏，茶室的建筑与室内装饰等等，都有许多讲究。说起日本的茶道离不开茶道用具，茶具是茶道最具表现力的载体之一，强调同季节时令相适应，同时还要与茶室的布置协调统一，有助于营造和谐的气氛。

茶具的种类繁多，陶瓷器、漆器、铁器、铜器、土器、木器、竹器等都有茶具的身影；大至用具陈设架、茶炉，小到茶勺、酒杯都可称为茶具，但我们常说的茶具则专指饮茶用具，包括茶碗、茶壶、茶入、花入、水指、茶勺等。

茶盘是茶具里最有涵养和度量的配角，但这个配角不可或缺，有了茶盘，茶壶茶杯才好粉墨登场，演绎出一场关于茶文化的好戏。茶盘的造型也有很多，常见的有方形和圆形。似乎那茶盘一摆，就能在繁杂与琐碎中平出一片清凉而广阔的天地。所以一款美观与实用并存的茶盘在烹茶和品茶中是必不可少的。日式茶盘多用优质的自然木材或自然拙朴的竹子做原料，边缘处打磨圆角的设计，手感摸起来光滑又温顺。底部四角的设计，减少摩擦，摆放平稳。也常见自然烧桐木材质的茶盘，为了更加追求自然质朴的感受，也常常采用烧制工艺做出来的木纹。

△ 日本茶道源自中国，是一种以品茶为主而发展出来的特殊文化

★ ★ ★ ★ ★

特邀点评专家

刘方达

就职于国内一线著名设计公司，精通室内手绘，具有较高的美术功底与色彩审美修养，经常为高端别墅客户与商业地产客户提供软装设计服务。曾参编中国电力出版社热销图书《软装设计手册》，腾讯课堂设计课程特聘讲师，作品曾获国家级大赛银奖，致力研究国际流行风格与色彩在本土设计的落地与运用。

[日作设计]

Q | 风格主题 风格剖析　**圣日野餐**

厚重的木材会让人觉得踏实稳定，这样一款餐桌恰好减轻了大面积落地窗造成的缥缈不定的感觉。开放式白色的橱柜维持了厨房的洁净感，明亮的采光让场景一派和谐。窗前选择了一把具有艺术张力与夸张造型的木材座椅，让自然与室内无限接近。在这样一个空间，更应选择自然系插花、阔叶植物、不加修剪的鲜花，完美地装点空间。

设计课堂 | 木材间不同造型的对比，也能为空间带来很多趣味，明度的高低渐变，柔和过渡会让空间更有层次感。

Q | 风格主题 风格剖析　**宁静的誓言**

一个简约的白色和木色的空间，似乎共享了夏克教的设计哲学，它更重视机能性和木材的朴素之美。汉斯·瓦格纳的 PP124 Rocking chair，处于二重黄金分割场景的螺线旋紧处。这一技法能有效控制画面中的主体位置，以及主体与环境的关系。所有的家具都线条简单，机能明确，从而将宁静的生活节奏渲染到了极致。

设计课堂 | 带有结疤纹理的木地板，通常都能使空间更倾向于自然朴素之美。摇椅也暗示着孩提时摇篮或者木马所给予的舒适感。绳网的靠背、藤编的蒲团坐垫、蓬松的沙发都是日式风格软装的极佳选择。

[品川设计]

Q | 风格主题
风格剖析　**感悟岁月泛泛悠悠**

利用木材作为空间的结构间架，使整个场景质朴安静，家具大多光素没有雕饰，且有明式家具的经典影子，现代设计手法与灰色仿水泥地面的融合显得更为洗练，不争不扬，左侧厅堂雅集，右侧餐厅饮宴，处处体现禅意与悠然自得，渲染出满室书香，一堂雅气。

设计课堂 | 厅堂一侧以圈椅为原型的禅座椅，S形梳背线条温润，与餐椅的平直有力的线条形成节奏间的对比，呈现出从容不迫的空间韵味。

[木桃盒子]

Q | 风格主题
风格剖析　**静息**

原木色背景中，随处可见东方意境的软装所制造的装饰效果。圆形的竹编的灯罩，空白文雅的扇子，显示了日式风格的独特之处。棉麻布料在场景中也可以营造出闲适惬意，悠然自得的生活境界。

设计课堂 | 日式风格常以宽宏的意境来表达深邃的内涵，插花花材用量往往较少，不着一墨的扇子也可以空白洒落，反而让人更注重扇骨的力度和韵律。

[木桃盒子]

Q | 风格主题
风格剖析　**禅茶合一的圆融空间**

线条简约质朴的小体量家具，让室内变得更加干净利落。以简单小型的茶桌为摆设，营造出了沉稳宁静的质感。用清晰的颜色线条和强烈的几何感来进行空间的分隔，而大窗与月洞又引入了室外的风景。风扶弱柳的纱帘深邃禅意，让场景圆融流动，一张经典的 Y chair，至今风靡扶桑，置身其中仿佛可以体会静坐时那种淡淡的喜悦。

设计课堂 | Y chair 最鲜明的特点，就是融入了圈椅的特点，以及圆婉优美的造型和舒适的坐感。organic curve 让简洁的线条变得耐人寻味，而这正是这个空间所要呈现的主题所在。

第八章　Interior Decoration
　　　　　Style

港式风格

室 内 装 饰 风 格 手 册

风格起源

香港是亚洲的经济中心，其独特的历史背景与地理位置，使得这里成为中西文化结合的聚集地，港式室内装饰设计中既有中式古典文化的传承，同时又受到英伦风格的影响。港式风格是码头文化与殖民地文化的产物，应用到室内装饰中既有现代风格的自然简洁，又有港式独有的时尚轻奢感，在高文安、梁志天等一些香港设计大师的作品中可见一斑。

在港式风格家居中，除了运用钢性材料与线性材料配合精巧的细部工艺体现出强烈的时代特征之外，同时在家具、饰品的运用上也很考究，它不仅点染了居室的风格，烘托居室格调，还起到了平衡居室内色彩、图案、明暗、大小等多方面的作用，是港式设计中不可或缺的重要组成部分。

△ 香港设计大师梁志天作品《深圳湾1号》

△ 香港设计大师梁志天作品《香港深湾9号样板房》

风格特征

港式风格不仅注重居室的实用性，而且符合现代人对生活品位的追求，其装饰特点是讲究用直线造型，注重灯光、细节与饰品，不追求跳跃的色彩。此外，港式风格在空间格局的设计中追求不受承重墙限制的自由，经常会出现餐厅与客厅处在同一空间或者开放式卧室的设计，强调室内空间的宽敞与通透。

在港式风格的装饰中，简约与奢华是通过不同的材质对比和造型变化来进行诠释的，在材质和家具的选择上非常讲究，多以金属元素和简洁的线条感营造出空间的质感。镜面、玻璃、皮革和烤漆的大量使用，不锈钢、铜等新型材料作为辅助材料，是比较常见的装饰手法。在造型上，港式家居多讲究线条感，背景墙、吊顶大都会选择利落干净的线条装饰。最常见的手法是墙面结合硬包、石材、镜面及木饰面等做几何造型，增添空间的立体感。

此外，因为香港寸土寸金，大多都是小户型，

对空间利用的要求自然比较高。所以很多港式风格的家中会选择面积较大的柜架，尽量收纳东西的同时，还可以摆放一些精致的家居饰物调节冷色调的家居氛围。

[大森设计]

△ 利用金属元素和简洁线条营造出轻奢的质感，是港式风格设计的最大特征

[印象空间]

△ 港式风格在空间格局的设计上追求一种宽敞感与通透感

187

装饰要素

01 中性色基调

港式风格大多以简洁冷静的色调为主，一般选择黑白灰或者米色为基调

02 灰色石材

高级灰颜色的大理石在港式风格中经常被使用在墙面或家具中，如大理石茶几、餐桌等

03 金属材料

金属材料是港式风格的一大特征，常常出现在家具的细节装饰上，以显示现代时尚感

04 金属线条灯

港式风格非常注意使用金属色和线条感，对刚性材料和线性材料的使用已经运用到了极致

05 直线条家具

直线装饰在空间中的使用，不仅反映出现代人追求简单生活的居住要求，更迎合了港式家居追求内敛、质朴的设计风格

06 皮革制品

结合奢华现代的硬装，皮质家具及亮面质感的家饰更能强调尊贵、优雅的主题

07 墙面硬包装饰

港式风格墙面很少留白，多以石材、镜面或实木等作为装饰

08 几何造型和线条装饰

港式风格多以金属色和线条感营造金碧辉煌的奢华感，简洁而不失时尚

09 金属细框装饰画

港式风格画框精致、现代、简洁，不需要烦琐的雕花和鲜艳的色彩，金属材质是更好的选择，能够跟空间其他金属装饰相得益彰

10 大面积固装柜架

港式风格常在墙面设置大面积的固装柜架，不仅注重美观性和实用性，还体现出了工业化社会生活的精致与个性，符合现代人的生活品位

01

中性色基调

[品辰设计]

02

灰色石材

[集艾设计]

03
金属材料

[印象空间]

04
金属线条灯

05
直线条家具

[近逸设计]

06
皮革制品

[香港洪德成设计]

07
墙面硬包装饰

08
几何造型和线条装饰

09
金属细框装饰画

[麻玉婷设计]

10
大面积固装柜架

2 配色美学

　　港式风格空间给人的感觉就是色彩不张扬，但却充满了低调的品质感。一般色系层次比较鲜明，也让整个居家环境看起来更生活。黑白灰等内敛色是其常用的颜色，简洁不失时尚，给人一种高级感，同时无印花、无图腾的整片色彩带来另一种低调的宁静感，沉稳而内敛。港式风格还有一个优点就在于大量使用金属色，营造金碧辉煌的华丽感。虽然在整体偏冷雅的环境中加入金色可以表现富贵与温暖感，但金色不宜过多，根据整体色调选择一定的比例进行点缀。

背景色 | C 37　M 28　Y 25　K 0　　　辅助色 | C 0　M 20　Y 60　K 20　　　点缀色 | C 87　M 60　Y 71　K 15

背景色 |
C0 M0 Y0 K100

背景色 |
C0 M20 Y60 K20

 黑白灰

黑、灰、白等色调是现代港式家居的经典用色，在搭配时注意使用比例上要合理，分配要协调。过多的黑色会使家失去应有的温馨，如果以灰色的纹样作为过渡，两色空间会显得鲜明又典雅。此外，在黑白为主色调的空间中，由于配色比较简单，在家具的选择上要尽量使用造型简洁、功能实用的款式。

△ 黑白灰的空间中局部加入金色的元素，再配合石材的质感体现港式风格的轻奢气息

背景色 |
C49 M49 Y65 K0

主体色 |
C29 M23 Y23 K0

中性色

中性色配色方案时尚、简洁，是港式风格家居中应用比较广泛的一种室内设计配色方案。同一套港式风格居室中很少有对比色，基本是同一个色系，比如米黄色、浅咖啡、卡其色、灰色系或白色等，凸显出港式风格家居的冷静与深沉。

△ 中性色的港式风格餐厅，通过不同的材质对比诠释精致感

背景色 |
C33 M24 Y23 K0

主体色 |
C35 M59 Y30 K0

△ 简约线条的家具对应着灰色的中性，整体优雅而宁静

金属色

金属色是极容易被辨识的颜色，无论是接近于背景还是跳脱于背景都不会被淹没，特别是在利落的线条与几何图形间，更容易彰显它的光泽质感。港式风格中通常将金属的刚硬和闪亮，质感和装饰性完美诠释于墙面、家具等细节之中，带给家居空间低调华丽的视觉感。金属色通常拥有较强的视觉冲击力，大面积用在家中会显得过度浮夸，只要选择一两件或锁定一个局部，就足够令空间别致独特。

| 背景色 | C 0 M 0 Y 0 K 100 | 主体色 | C 0 M 20 Y 60 K 20 |

△ 金属家具与大面积镜面的互相映衬

[香港洪德成设计]

| 背景色 | C 73 M 79 Y 90 K 60 | 主体色 | C 0 M 20 Y 60 K 20 |

△ 金属线条是港式风格的常用材料

亮色点缀

冷色系的港式风格装饰在凸显轻奢品质的同时也会显得过于冷清，可以在室内点缀一点跳跃的颜色，在空间中起到提亮的作用，给人一种轻松感。这些在软装设计中多是通过小家具、花艺、装饰画、饰品、绿色植物等配饰来完成。

| 背景色 | C 40 M 31 Y 22 K 0 |
| 主体色 | C 13 M 18 Y 75 K 0 |

△ 跳跃的柠檬黄与灰色石材形成趣味对比

| 背景色 | C 25 M 25 Y 51 K 0 |
| 点缀色 | C 0 M 10 Y 100 K 0 |

△ 利用橙色花艺点亮中性色的餐厅空间

家具陈设

　　港式风格家具通常线条简单，沙发、床、桌子一般都为直线，不带太多曲线，造型简洁，强调功能，富含设计感。在材质方面以板式家具居多，不锈钢等一些金属材料作为辅料，增加空间的轻奢氛围。港式家居中不会过多摆放家具，但却很注重家具的造型感、舒适度与比例，唯恐会破坏空间美感。

直线条板式家具

港式风格家居中强调线条感，搭配板式家具是最适合不过了。板式家具以款式简洁、功能实用和制作考究著称于世，比较强调家具材料本身的质感和色彩，而且家具的线条简单，给人以干净利落的感觉。

[印象空间]

△ 简洁线条的板式家具给人干净利落的感觉

△ 港式风格板式家具

金属元素家具

金属元素的家具由于它精致华丽的视觉效果和设计感强、体量轻的特点，无疑是打造港式风格不二的选择，其简洁的线条与空间的融合度较高，而金碧辉煌的色彩则用来诠释简约与奢华并存的理念。特别是近年来大理石在家具中越来越多的使用，天然大理石和金属的碰撞，打破既定的框架，摒弃传统港式风格浮夸繁杂的修饰和色彩，让空间中更显立体感和都市感。

△ 金属与大理石组合而成的家具给人精致华丽的视觉效果

烤漆家具

精湛的烤漆工艺在港式风格中也被越来越多地运用,比如家具、墙板、橱柜等等,简洁干练的线条搭配烤漆特有的温润光泽,能够很好地打造出港式奢华而不浮躁的精英气质。

烤漆家具是家具材料之一,而烤漆板的基材一般为中密度板,表面经过打磨、上底漆、烘干、抛光而成,分亮光、亚光及金属烤漆三种,烤漆家具色泽鲜艳、贵气十足,具有很强的视觉冲击力。

△ 港式风格烤漆家具

△ 烤漆家具特有的温润光泽凸显港式轻奢的气质

中性色布艺沙发

布艺沙发是港式风格中应用最广的类型,其最大的优点就是舒适自然,休闲感强,容易令人体会到家居放松感。一般港式家居的沙发多采用灰暗或者素雅的色彩和图案,所以抱枕应该尽可能地调节沙发的呆板印象,色彩可比沙发本身的颜色更亮一点。

△ 港式客厅中的中性色沙发通常利用抱枕的色彩进行调节

△ 港式风格布艺沙发

4 灯饰照明

　　在港式风格中，灯饰除了照明作用之外，更加强调的是装饰作用。灯饰线条一定要简洁大方，切不可花哨，否则会影响整个居室的平静感觉。此外，灯饰的另一个功能是提供柔和、偏暖色的灯光，让整体素雅的居室不会有太多的冰冷感觉。

水晶灯

水晶灯可给人绚丽高贵、梦幻的感觉，应用在面积较大的港式风格客厅或餐厅中，更能表现出华丽的氛围。最开始的水晶灯是由金属支架、蜡烛、天然水晶或石英坠饰共同构成，后来由于天然水晶的成本太高逐渐被人造水晶代替，随后又由白炽灯逐渐代替了蜡烛光源。为达到水晶折射的最佳七彩效果，一般最好采用不带颜色的透明白炽灯作为水晶灯的光源。

△ 华丽高贵且绚丽多彩的水晶灯是港式风格家居常用的灯饰之一

金属灯

在港式风格中，金属材质灯饰比较常见。其中铜灯是使用寿命最长久的灯具，处处透露着高贵典雅，是一种非常贵族的灯具。铜灯在类型上分别有台灯、壁灯、吊灯以及落地灯等，相比于欧式铜灯，港式风格空间中的铜灯线条更为简洁。

[印象空间]

△ 港式风格铜质台灯

[易和极尚设计]

△ 港式风格铜质落地灯

灯带照明

在港式风格空间中，经常利用灯带这类间接照明的方式做空间的基础照明，形成了只见灯光，不见灯饰的画面。它的出现增加了室内环境的层次感，丰富了光环境。灯带经常被应用到吊顶中，除此之外也可以用在装饰柜内。

△ 见光不见灯的照明方式丰富室内环境的层次感

时尚吊灯

这类灯饰往往会受到众多年轻业主的欢迎，材质上以玻璃为主，由于吊灯形体较小，还可以将其悬挂的高度错落开来。

△ 高低错落悬挂的艺术吊灯

　　港式风格的整体色调偏冷，而且经常出现镜面、金属等装修材料，需要通过布艺搭配缓和这种冷感。但要注意面积比较大的布艺，例如窗帘和床品，两者的色彩和图案的选择上都要和室内整体的空间环境色调相符合，大面积和小面积的布艺之间可以是相互协调，也可以是相互对比。

[易和极尚设计]

与整体色彩呼应的窗帘

港式风格不宜选择花纹过重或是过于深色的布艺，通常比较适合的是一些浅色并且以一些简单大方的纹样和线条作为修饰的类型，这样显得更有线条感。窗帘的花色和款式应与布艺沙发搭配，采用麻质或涤棉布料，如米黄、米白、浅灰等浅色调为佳。

△ 上下拼色的窗帘色彩与床头背景以及床品布艺相呼应

△ 采用相近色搭配的卧室布艺显得更有整体感

色彩素雅的纯棉地毯

地毯不仅是提升空间舒适度的重要元素，其色彩、图案、质感又在不同程度上影响着空间的装饰主题。从材质上来说，色彩素雅的纯棉地毯是港式风格空间中最为常用的。在光线充裕、环境色偏浅的空间里选择深色的地毯，能使轻盈的空间变得厚重，在光线较暗的空间里选用浅色的地毯能使环境变得明亮。

△ 港式风格的空间中常用色彩素雅的纯棉地毯

纯色床品

港式家居的床上用品常用纯色，面料的质感是关键，压绉、衍缝、白织提花面料都是非常好的选择。搭配时可以运用多种面料来实现层次感和丰富的视觉效果，比如羊毛制品、毛皮等，高雅大方。

活跃氛围的抱枕

如果港式风格室内空间中其他软装的色彩比较丰富，选择抱枕时最好采用同一色系且淡雅的颜色，这样不会使空间环境显得杂乱。如果整体色调比较单一，这时候抱枕就可以选用一些撞击性强的对比色，起到活跃氛围的作用，丰富空间的视觉层次。

△ 港式风格卧室中多见纯色床品

△ 同一色系且色彩淡雅的抱枕容易融入整体之中

△ 羊毛块毯的加入增加空间的精致感

△ 选择一组对比色的抱枕活跃中性色空间的氛围

软装饰品

软装饰品的种类很多，形式也非常丰富，应与被装饰的室内空间氛围相谐调。但这种谐调并不是将饰品的材料、色彩、样式简单地融合于空间之中，而是要求饰品在特定的室内环境中，既能与室内的整体装饰风格、文化氛围谐调统一，又能与室内已有的其他物品，在材质、肌理、色彩、形态的某些方面，显现适度对比的距离感。在港式风格家居空间中摆放上一些精致的软装饰品，不仅可以充分地展现出居住者的品位，还可以提升空间的格调。

[香港洪德成设计]

[印象空间]

表现轻奢氛围的装饰摆件

港式风格选择摆件的原则是精而少，表现出轻奢华丽的氛围，精美的金属摆件、水晶摆件都是不错的选择。其中金属工艺饰品风格和造型可以随意定制，以流畅的线条、完美的质感为主要特征；水晶摆件玲珑剔透、造型多姿，如果再配合灯光的运用，会显得更加透明晶莹，大大增强室内感染力。在摆设时应注意构图原则，避免在视觉上形成一些不协调的感觉。

△ 晶莹剔透的水晶摆件

△ 轻奢质感的金属摆件

增加时尚感的装饰挂件

港式风格空间在选择装饰挂件时，数量不能过多，有时可运用灯光的光影效果，令挂件产生一种充满时尚气息的意境美。但是注意软装元素在风格上统一才能保持整个空间的连贯性，将装饰挂件的形状、材质、颜色与同区域的饰品相呼应，可以营造出非常好的协调感。

△ 金属挂件是表现低调奢华的最佳元素

△ 灰色石材墙面上的个性挂件给人强烈视觉冲击感

金属细框装饰画

港式风格空间于浮华中保持宁静，于细节中彰显贵气。抽象画的想象艺术能更好地融入这种矛盾美的空间里，既可以在墙上挂一幅装饰画，也可以把多幅装饰画拼接成大幅组合，制造强烈的视觉冲击。港式风格的装饰画画框以细边的金属拉丝框为最佳选择，最好与同样材质的灯饰和摆件进行完美呼应，给人以精致奢华的视觉体验。

△ 花艺是港式家居中不可或缺的软装元素之一

△ 港式风格的装饰画通常带有细边的金属拉丝边框

简洁且体量较小的花艺

花艺代表着美与生命力，装饰作用之外能给人带来愉悦之感。港式风格中一般选择造型简洁，体量较小的花艺作为点缀，而且数量也不宜过多。因为港式家居整体色彩相对素雅，所以有时候会选择色彩纯度较高的花艺作为点缀色，提亮整个空间。

充满精致感的餐桌摆饰

餐桌摆饰是港式风格软装布置中一个重要的单项，它便于实施且富有变化，是家居风格和品质生活的日常体现。港式风格的餐桌摆饰有一个细节是在餐具的选择上，因为港式家居中的用料和造型等大多精良，因此餐桌上常常选择那些精致的陶瓷餐具搭配桌布，颜色也不宜太过跳跃，仍然可以更多地使用低纯度的颜色或黑白灰色系的餐具，以金色或银色的点缀其中，延续低调的精致感。

△ 大理石桌台上摆设精美的金色烛台，显得高雅而不失华丽

室内实战设计案例

7

港｜式｜风｜格

★★★★★
特邀点评专家
刘方达

就职于国内一线著名设计公司，精通室内手绘，具有较高的美术功底与色彩审美修养，经常为高端别墅客户与商业地产客户提供软装设计服务。曾参编中国电力出版社热销图书《软装设计手册》、腾讯课堂设计课程特聘讲师，作品曾获国家级大赛银奖，致力研究国际流行风格与色彩在本土设计的落地与运用。

[香港洪德成设计]

🔍 **风格主题 风格剖析** 夜的沉思

黄铜质感的卫生间框架、金属黄铜的床头灯以及柠檬黄色的床品，共同营造出了一个精致奢华的空间。在较暗色调背景墙的衬托下，更是凸显出了金色的质感，细节华丽且富有张力。金黄色在这个空间里的运用，也恰好能够消解青黑色背景墙的压迫感。通过几何化的分割，产生了一种奇特的空间效果，让人印象深刻。

设计课堂 ｜ 灯光的层次丰富也是软装里的一个重要组成部分。通过灯光的控制制造空间的节奏与韵律，使无声的家居陈设，化作生动的语言和音乐。

[印象空间]

🔍 **风格主题 风格剖析** 避暑住宅

金属的不同表面处理工艺，往往能带来不一样的效果。在本案中，纯白色的大背景下，减少金属的反光度，更能达到最终想要呈现的舒适效果。拉丝金属的餐桌和椅子，如霜般的质感使得空间气质趋向平和与亲切。柠檬黄的扶手椅静静地伫立在一旁，呈现着自然的气质。墙上的几何镜面装饰，在自然风尚中凸显着一丝时尚的气质。

设计课堂 ｜ 拉丝金属相较于电镀金属，更能带来平和的气质。电镀工艺精致、奢华，在定制家具时，更需要多参考业主的隐性需求，且要和整体的硬装效果相吻合。

[印象空间]

Q | 风格主题 风格剖析 | **欧罗巴协奏曲**

深浅不一的棕色如摩卡咖啡一样，制造出了甘柔香醇的风味。简约的空间设计往往非常含蓄，家具落落大方，线条考究，暗示着房屋主人内敛的绅士品格。由于它摒弃了烦琐与奢华，并兼具了优美造型和功能配备，因此显得清新脱俗又成熟优雅。

设计课堂 | 软装和硬装在咬合关系上，要注重元素间的融合。例如黄铜元素的穿插使用，色彩明度深浅的对比，点缀色在不同地方的交叠，能形成更为全面的搭配效果。

[清大环艺设计]

Q | 风格主题 风格剖析 | **晚餐的哲学**

餐椅作为这个场景中的主角，拥有柔和曲线和饱满的造型。椅背圆润而巧妙的弧度，与地面凸显出层次感与立体感的石材纹理相得益彰。丝绒质感的深蓝色窗帘，成为日暮黄昏时的室内外分界，并统一了餐厅的色调，使每一顿日常的晚餐，都如烛光晚餐一般浪漫和优雅。

设计课堂 | 一个优雅低奢的空间，最适用不同材质的灰色调来打造。从肌理到几何变化，从明暗度到反光度，都是灰色元素之间的博弈。自下到上采用由深入浅的渐变，不失为一种保险的配色方式。

[近逸设计]

Q | 风格主题 风格剖析 | **抽象及聚焦**

以浅色作为大面积背景色，棕色与奶白色的组合谱写出了一曲优雅轻奢的奏鸣曲。不同材质间的白色对比耐人寻味。瓷蓝与黄色之间相互渗透穿插，让前景与后景相互渗透，增加了空间的关联感。用蓝色的餐布进行色彩点缀，表现出了不同以往的优雅港式风格。

设计课堂 | 一个洁净的空间用表现主义绘画去装饰，显得别具一格。画面笔触密布，纵横的线条别有秩序，如满天繁星闪烁，恰如一次探索与发现之旅。

第九章　Interior Decoration
Style

东南亚风格

室 内 装 饰 风 格 手 册

风格要素

风格起源

东南亚是一个具有多样统一性的地域：大陆与岛屿并存，山地与平原同在的地理特点，亚热带与热带气候逐渐过渡的自然条件。西方近代文化的传入让东南亚的传统文化遭到了空前的冲击，其文化发展进入一个全新更替时期。同时，越来越多的华人迁居东南亚，使得中国文化扩大了对东南亚的影响。这一历史、文化的变迁推动了东南亚文化突飞猛进的发展，让世界各国人民对东南亚的文化特点有了初步的认识，东南亚风格由此形成。但是因为岛屿众多，所以东南亚室内风格也糅合了各个不同区域的人文风情，几乎囊括了越南、老挝、柬埔寨、泰国、缅甸、马来西亚、新加坡、印度尼西亚、文莱、菲律宾、东帝汶等东南亚 11 个国家的所有特色。

东南亚风格以自身强烈的民族感和散发异域风情的色彩，让人们不出门便能体验到东南亚的异国情调。早期的东南亚风格比较奢华，一般出现在酒吧、会所等公共场所，主要以装饰为主，较少考虑实用性。随着各国活动往来的交流，东南亚风格家居也逐渐吸纳了西方的现代概念和亚洲的传统文化精髓，呈现了更加多元化的特色。如今的东南亚风格已成为传统工艺、现代思维、自然材料的综合体，开始倡导繁复工艺与简约造型的结合，设计中充分利用一些传统元素，如木质结构设计的元素、纱幔、烛台、藤质装饰、简洁的纹饰、富有代表性的动物图案，更适合现代人的居住习惯和审美要求。

△ 东南亚风格无论从建筑还是室内设计，都具有强烈的异域风情

[壹陈设计]

△ 现代的东南亚风格室内设计倡导繁复工艺与简约造型的结合，把传统元素作为室内装饰的一部分，以适合现代人的居住习惯和审美要求

东南亚风格的设计追求自然、原始的家居环境，是一种将东南亚民族特色中的元素运用到家居中的装饰风格，体现了休闲、舒适的设计理念，东南亚风格与中式风格接轨，例如融入了中国古典家具设计的东南亚圈椅，带有浓郁的明清家具风格。所以在设计时可以中式家具为主要装饰对象，也可利用手绘、绿色植物等丰富室内的气氛。虽然曾经受到中国文化影响，两者有点相似之处，但要区别东南亚风格和中式风格也很简单。除了整体造型偏低矮稳重之外，通常东南亚风格会带有明显的烙印，如在边边角角雕刻一片芭蕉叶，或在腿、柱位置仿照藤编或竹节的图案等，凸显对细节的用心。

相比其他家居风格，取材自然是东南亚风格最大的特点，在装修时喜欢灵活地运用木材和其他天然材料，比如印度尼西亚的藤、马来西亚河道里的水草，以及泰国的木皮等纯天然的材质，在视觉感受上有泥土的质朴。原木的天然材料搭配，非但不会显得单调，反而会使气氛相当活跃。

东南亚风格吊顶设计通常遵循其天然、环保的自然之美，主要采用对称木质结构的木梁为主，在色彩方面主要分为浅木色系和深木色系两种，深木色系显得沉稳，浅木色系显得更为清爽，但不管是浅木色系还是深木色系，都只是在原木表面涂了一层清漆，并没有人为地利用其来改变木质的颜色，这些材料不仅环保，而且给人一种自然古朴的视觉感受。东南亚风格的墙面大多采用石材、原木或接近天然材质的墙纸进行装饰，有时也会加入当地特色植物造型，如芭蕉叶。

东南亚风格的许多家具样式与材质都很朴实，例如藤制家具以其具有的独特透气性深受人们喜爱，并且适合东南亚当

地的气候。但是东南亚风格善用各种色彩，通过软装来体现其绚烂与华丽，使总体效果看起来层次分明、有主有次，搭配得非常合适。因此，营造东南亚格调的环境，并不一定要大动干戈，有时候只需要一些小小软装饰品，就可以轻松实现。

△ 东南亚风格的室内设计善用独具当地风情的色彩和软装营造格调

△ 源自中国古代茶文化，且富有浓郁禅意气息的东南亚茶道

△ 纯天然材质在室内设计中的大量应用是东南亚风格的最大特点

装饰要素

01 木质吊顶

东南亚风格取材天然，藤编装饰的纯实木"人"字形吊顶最为常见

02 木质镂空隔断

精致的木雕格栅充满异域风情，与东南亚实木家具浑然一体

03 实木家具

东南亚风格的家具受中式风格的影响，以天然实木为主

04 藤编家具

藤编家具牢固、韧性强，加之热传导性能差，冬暖夏凉，是东南亚家具的首选

05 自然材质灯饰

东南亚风格崇尚自然，灯饰上也大多选择藤编或木质等天然材质

06 佛教元素

佛教元素装饰品在东南亚风格中很常见，例如佛头、佛脚、佛手等

07 特色动物元素

除了植物外，大象、孔雀也是东南亚风格家具的最爱，这两种动物在东南亚是神圣的象征，寓意吉祥、平和

08 麻质地毯

在炎热的东南亚，一般不会用羊毛地毯，清凉舒适的麻制地毯是首选

09 艳丽丝绸布艺

东南亚艳丽的布艺的使用赋予居室一种温馨的格调，其绚丽的色泽、精致的图案就像是艺术品

10 白色纱幔

纱幔妩媚而飘逸，是东南亚风格家居不可或缺的装饰

11 手工雕刻木制饰品

东南亚风格中多用柚木、檀木、芒果木等材质的木雕和木刻家具

12 芭蕉叶元素

芭蕉叶元素装饰在空间中，最能凸显出东南亚的热带岛屿气息

13 香薰摆件

香薰在东南亚风格中能营造禅意而神秘的异国氛围

14 手工铜制品

东南亚风格注重材质的原汁原味，喜欢手工工艺，比如常见手工敲制出具有粗糙肌理的铜片，用于吊灯、摆件及家具装饰

01
木质吊顶

[DOMUS 设计]

02
木质镂空隔断

[郑树芬设计]

03
实木家具

[星翰设计]

04
藤编家具

05
自然材质
灯饰

06
佛教元素

[郑树芬设计]

07
特色
动物元素

08
麻质地毯

09
艳丽
丝绸布艺

[宁洁设计]

10
白色纱幔

[深圳 GND 设计]

11
手工雕刻
木制饰品

12
芭蕉叶元素

[宁洁设计]

13
香薰摆件

[DOMUS 设计]

14
手工铜制品
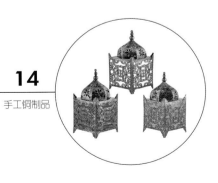

2

配色美学

东南亚风格通常有两种配色方式：一种是将各种家具包括饰品的颜色控制在棕色或者咖啡色系范围内，再用白色或米黄色全面调和，是比较中性化的色系；另一种是采用艳丽的颜色做背景或主角色，例如青翠的绿色、鲜艳的橘色、明亮的黄色、低调的紫色等，再搭配艳丽色泽的布艺、黄铜或青铜类的饰品以及藤、木等材料的家具。

主体色 | C 30　M 40　Y 50　K 0　　　辅助色 | C 55　M 79　Y 98　K 38　　　辅助色 | C 21　M 91　Y 83　K 0

深色系

东南亚风格崇尚自然，偏爱自然的原木色，大多为褐色等深色系。但是大面积运用原木色容易显得老气，适当点缀亮色，能避免单调沉闷。

如果在前期的装修中已在墙面、地面用上了红色、藕紫色、墨绿色等华彩的基调，那么纯黑的藤色，类似黑胡桃木的藤质家具是最好的选择。只需在布艺搭配方面巧下心思，那种深沉的格调能冲淡基调的张力，变成了最好的家居底色，让艳丽的布艺和墙地面共舞，成就最典型的东南亚风情。

艳丽色彩

传统的东南亚风格配色给人一种香艳，甚至奢靡的感觉，可以看到一整面桃红色丝缎覆盖的背景墙，吊顶上有大红色、粉紫色、孔雀蓝等华丽的纱幔轻垂而下，只要钟情于这种感觉，就可以大胆用色，更不必担心太过浓重或跳跃，这正是东南亚风格的精彩之处。

主体色 ｜ C 65 M 75 Y 82 K 37	点缀色 ｜ C 58 M 80 Y 71 K 20

△ 由于东南亚风格崇尚自然，所以在色彩上多为保持自然的原色调

主体色 ｜ C 18 M 89 Y 98 K 0	点缀色 ｜ C 71 M 56 Y 86 K 10

△ 妩媚香艳的配色印象充分体现出神秘的热带雨林特色

民族特色图案

东南亚风格的空间中经常出现两类图案，一类是以热带风情为主的植物图案，如芭蕉叶、莲花、莲叶图案等，这类象征自然的图案不需要大面积的应用，通常以区域型呈现，比如在墙面的中间部位或者以条状的形式出现，同时色系和图案是非常协调的，往往是一个色系的图案。除了植物外，象、孔雀也是东南亚风格的最爱，这两种动物在东南亚是神圣的象征，寓意吉祥、平和，而且颜色相比于植物更为明亮些，巧妙搭配即可。还有一类是极具禅意风情的图案，如佛像图案，常作为点缀出现在家居环境中。

[宁洁设计]

| 辅助色 ｜ C 77　M 76　Y 70　K 0 | 点缀色 ｜ C 59　M 42　Y 91　K 0 |

△ 东南亚风格中经常出现以芭蕉叶为代表的热带植物图案

△ 极具禅意的佛像图案

家具陈设

东南亚家具在设计上逐渐融合西方的现代概念和亚洲的传统文化，通过不同的材料和色调搭配，令其在保留了自身的特色之余，产生更加丰富多彩的变化。

东南亚风格崇尚自然元素，通常采用实木、棉麻、藤条、水草、海藻、木皮、麻绳以及椰子壳的材质，在制作家具的时候常以两种以上不同材料混合编织而成，如藤条与木片、藤条与竹条等，工艺上以纯手工打磨或编织为主，完全不带一丝现代工业化的痕迹。家具表面往往只是涂一层清漆作为保护，因此保留原始本色的家具颜色较深。不会采用复杂的设计手法，更加不会让其失去原始的韵味。

东南亚风格家具的造型上则是喜欢利用对称的手法，给人带来一定的视觉冲击，而它不仅仅局限于造型上的对称，在摆放的时候也有一定的对称效应，使得空间内东南亚的装饰效果更加的完整。

[DOMUS 设计]

实木家具

作为自然材料的一种，实木家具也是东南亚风格不能缺少的一项，基本色调为棕色以及咖啡色，通常会给视觉带来厚重之感。完完全全的原木色泽，展现自然的柔和，手工打磨出的样式更是呈现出最为原始的美感。

△ 东南亚风格实木家具

藤编家具

在东南亚家居中，也常见藤编家具的身影。藤编家具的优点是自然淳朴，色泽天然，通风透气性能好，集观赏性和实用性于一体，既符合环保要求，又典雅别致充满情趣，并且能够营造出浓厚的文化气息。

△ 东南亚风格藤制家具

木雕家具

精致的泰国木雕家具，是东南亚风格空间中最为抢眼的部分。柚木是制成木雕家具的上好原材料，它的刨光面颜色可以通过光合作用氧化而成金黄色，颜色会随时间的延长而更加美丽，用它制成的木雕家具，自然经得起时间的推敲与考验。

[优加观念设计]

△ 雕刻精美的柚木家具独具东南亚特有的民族风情

△ 深色的木雕家具适合搭配白色纱幔

　　东南亚风格灯饰在设计上逐渐融合西方现代概念和亚洲传统文化，通过不同的材料和色调搭配，在保留了自身的特色之余，产生更加丰富的变化。东南亚风格灯饰颜色一般比较单一，多以深木色为主，给人以泥土与质朴的气息。为了接近自然，大多就地取材，如贝壳、椰壳、藤、枯树干等天然元素都是灯饰的制作材料，很多还会装点类似流苏的装饰物。东南亚风格的灯饰造型具有明显的地域民族特征，比较多地采用象形设计方式。如铜制的莲蓬灯、手工敲制出具有粗糙肌理的铜片吊灯、一些大象等动物造型的台灯等。

　　东南亚风格的空间很少使用主灯，主灯一般起点缀作用，主要以点光源和返照灯为主，烘托氛围，增加神秘感。由于东南亚处于热带地区，气候湿热，风扇灯也是常用的选择。

　　有些小户型要想营造东南亚风格，多以家具单品和摆件来实现，设计时往往会建议做重点照明来提高它们的关注度。但出于环保与原生态的考虑，可以用筒灯、落地灯与射灯相结合的方式来打造东南亚的家居风格，这样既节能，又能起到保护藤木家具的作用。

藤灯

　　东南亚国家大多喜欢以纯天然的藤竹柚木为材质制作工艺品。藤灯便是东南亚风格藤器中常见的一种。其灯架以及灯罩都是由藤材料制成，灯光透过藤缝投射出来，斑驳流离，朦胧摇曳，美不胜收。藤灯既可做家居照明，同时也是极具品位的艺术装饰品。

△ 东南亚风格藤灯

[柏舍励创]

△ 藤灯是东南亚风格空间最常用的灯饰类型之一，除了照明功能外，也是一件家居艺术品

木皮灯

　　如果空间较小，想用吊灯表现东南亚风情，不妨考虑木皮灯。其灯罩是由很薄的一层木皮经过细致加工和处理之后，通过特殊工艺制作而成。木皮灯的分量较大，相对藤编灯更吸引人的视线，而且当灯光通过木皮灯罩时，隐约的灯光显得更加朦胧，很具艺术气息。但要注意的是木皮灯的灯光较暗，需要配合其他局部照明结合使用。

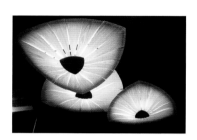

△ 东南亚风格木皮灯

[深圳[GND 设计]

△ 木皮灯与大自然融于一体的颜色，很好地诠释了东南亚风格的特点

[宁洁设计]

△ 竹编灯取材自然环保，还可以为空间增添艺术氛围

竹编灯

东南亚的灯饰注重纯手工艺制作，提取原汁原味的大自然材料。竹编灯在东南亚普遍流行，手工编制而成的美观造型，彻底打破一成不变的设计，不但营造出惬意的灯光氛围，而且给人以耳目一新的视觉感。而且相对藤编、木皮，竹编灯的透光度高。加之竹子颜色普遍浅色，只要合理搭配，竹编灯会在关灯的时候更有亮度与装饰上的优势。

风扇灯

风扇灯既有灯饰的装饰性，又有风扇的实用性，可以表达舒适休闲的氛围。使用的时候只要层高不受影响，还是比较舒适的，可以在换季的时候起到流通空气的效果，例如铁艺芭蕉扇吊灯就较为常用。

[深圳GND设计]

△ 芭蕉叶的造型让吊扇灯展现出不同的风姿，很好地呈现出东南亚风情

5

东|南|亚|风|格

布艺织物

　　纺织工艺发达的东南亚为软装布艺提供了极其丰富的面料选择，细致柔滑的泰国丝、白色略带光感的越南麻、色彩绚丽的印尼绸缎、线条繁复的印度刺绣，这些充满异国风情的软装布艺材料，在居室内随意放置，就能起到很好的点缀作用，给空间氛围营造贵族气息。

　　在布艺的选择上，东南亚风格有严格的要求，主要体现在布料的质感、图案和色彩上。首先，布艺的质感必须很垂，能形成自然的皱褶；其次，色彩要么神秘幽幻，要么娇艳欲滴，搭配也要有充分的想象力；最后，图案要有民间特色和自然的图腾。东南亚风格布艺的花纹常常以绿色植物为主题，有别于田园风格的是，东南亚风情的植物图案更喜欢表现植物的局部或折枝状态，如曼妙的条纹、抽象的线条，或与民族风格有关的几何造型。

　　在选购东南亚风格的布艺时，不必刻意追求进口面料，国内一些少数民族的传统工艺的布艺，如苗绣、藏丝、蜡染等，都是很好的东南亚织物替代品。

[宁洁设计]

220

棉麻材质窗帘

在东南亚风格中，窗帘强调垂感、大幅，简洁的落地窗帘可以衬托出室内装饰的大气。窗帘色彩一般以自然色调为主，以完全饱和的酒红、墨绿、土褐色等最为常见。窗帘材质以棉麻等自然材质为主，虽然款式往往显得粗犷自然，但拥有舒适的手感和良好的透气性。

[星翰设计]

△ 质地轻柔、色彩艳丽的抱枕是打造东南亚风格不可缺少的软装元素

手工编织地毯

饱含亚热带风情的东南亚风格适合选择亚麻质地的地毯，带有一种浓浓的自然原始气息。此外，可选用植物纤维为原料的手工编织地毯。在地毯花色方面，一般根据空间基调选择妩媚艳丽的色彩或抽象的几何图案，休闲妩媚并具有神秘感，表现出绚丽的自然风情。

[星翰设计]

△ 充满东南亚特色的手工编织地毯表现出绚丽的自然风情

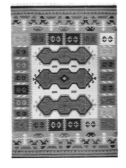
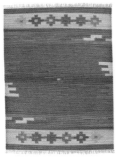

△ 东南亚风格地毯

📝 泰丝抱枕

东南亚风格布艺最抢眼的装饰要属绚丽的泰丝抱枕。由于藤艺家具常给人营造出一种镂空感，因此搭配一些质地轻柔、色彩艳丽的泰丝抱枕，可以适当地消除这种空洞感。泰丝抱枕比一般的丝织品密度大，所以质感稍硬，更有型，不仅色彩绚丽，富有特别的光泽，图案设计也富于变化，不论是摆在沙发上或者床上，都能表现出东南亚风格的多彩华丽感觉。

△ 质地轻柔、色彩艳丽的抱枕是打造东南亚风格不可缺少的软装元素

△ 泰丝抱枕

📝 白色纱幔

纱幔妩媚而飘逸，是东南亚风格家居不可或缺的装饰，既能起到遮光的功效，也可以点缀卧室空间，掀开一抹纱幔，东南亚的情愫便会缓缓弥漫开来。东南亚风格的卧室中很多都是四柱床，这种类型的床做纱幔，一般可选择吊带式或者穿杆式。吊带式纱幔纯真浪漫；穿杆式纱幔相对华丽大气。

△ 白色纱幔不仅体现东南亚清雅休闲的气氛，也传达出了一种情调

软装饰品

6

东 | 南 | 亚 | 风 | 格

　　东南亚的纯手工工艺品种类繁多，大多以纯天然的藤竹柚木为材质，比如木质的大象工艺品，竹制藤艺装饰品，有很强的装饰效果。还有印度尼西亚的木雕、泰国的锡器等都可以用来做饰品，即便是随手摆放，也能平添几分神秘气质。而更多的草编、麻绳、藤类、木类做成的饰品，其色泽与纹理有着人工无法达到的自然美感。如草或麻绳编结成的花篮；豆子竹节穿起来的抱枕；咖啡豆穿起来的小饰品，都有异曲同工之妙。

　　此外，东南亚是一个具有很多佛教元素的地方，比如佛像、佛手、烛台、香薰等，将佛教元素的装饰品运用到家居装修中是东南亚风格的特点之一，可以让家中多一份禅意的宁静。

天然材质手工艺品

　　东南亚风格的装饰摆件多为带有当地文化特色的纯天然材质的手工艺品，并且大多采用原始材料的颜色。如粗陶摆件，藤或麻制成的装饰盒或相框，大象、莲花、棕榈等造型摆件，富有禅意，充满淡淡的温馨与自然气息。东南亚是笃信佛教的地方，佛像也就成为家中不可或缺的陈设，保佑平安之余，也别有一番视觉美感。

△ 东南亚风格摆件

△ 由于是佛教国家，佛像在东南亚人们的心目中具有神圣的地位

追求意境美的挂件

　　东南亚风格中的软装元素在精不在多，选择墙面装饰挂件时注意留白跟意境，营造沉稳大方的空间格调，选用少量的木雕工艺饰品和铜制品点缀便可以起到画龙点睛的作用。但注意铜容易生锈，在选用铜质挂件时要注意做好护理防生锈。

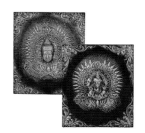

△ 东南亚风格挂件

△ 东南亚风格的挂件多为木雕或铜制品，追求一种禅意的宁静

凸显热带风情的大叶绿植

在东南亚风格的家居环境中，绿色植物也是凸显热带风情关键的一环，芭蕉和菩提等大叶植被，是东南亚风格的一大特征。东南亚风格对于绿植的要求是大叶显得馥郁的植被，以赏叶类植被为主。如果在装有少量水的托盘或者青石缸中洒上玫瑰花瓣，可打造出东南亚水飘花的浪漫感。不过还需要在木雕坐榻的一角放几株有一定高度的绿色植物，才有热带风情的真正内涵，类似芭蕉叶状的滴水观音就是最好的选择。在花器的选择上没有太多限制，一般以灰色、白色的陶制花器居多，也可选择用粗壮的水草编织而成的花器，有一种大拙胜大巧的粗朴之美。

[宁洁设计]

△ 凸显热带风情的绿植也是东南亚风格家居的重要元素

花草图案或动物图案装饰画

东南亚风格装饰画的题材往往来自几个方面：首先，是以热带风情为主的花草图案，塑造一种华丽繁盛的气氛，但要注意画面图案是否是热带花卉植物。热带花卉一般都有着花盘大、色彩浓艳的特点，小碎花之类的图案不适合用在东南亚风格中。其次，选择一些具有代表性的动物图案装饰画无疑也是可以帮助提升室内的东南亚风情的，比如孔雀、大象等。此外，如佛手等极具禅意哲理的宗教图案也适合出现在东南亚风格的装饰画中。

△ 热带花卉图案的装饰画

[宁洁设计]

△ 大象图案的装饰画

体现自然之美的餐桌摆饰

　　东南亚风格以其自然之美和浓郁的民族特色而著称，常应用藤编和木雕家居饰品，可以体现原始自然的淳朴之风，因此餐桌摆饰布置也依然秉承这一原则。此外，在餐桌上可以适当添加一些色彩艳丽的装饰物形成反差，有愉悦心情、增加食欲的作用。

[深圳 GND 设计]

△ 体现自然是东南亚风格餐桌摆饰的设计重点

[DOMUS 设计]

△ 包含多种东南亚风格元素的餐桌摆饰

★★★★★

特邀点评专家

李红阳

大连工业大学设计艺术学研究生,现就职于沈阳城市建设学院设计与艺术系,讲师。以不忘初心和坚持不懈为做人原则,遵循尊重生活和自然,为设计出动人的生活情趣空间而激动的设计理念。具有多年地产样板间和售楼处的软装设计经验,服务过万科、金地、万达、保利和融创等国内大型地产商。曾就职于北京菲莫斯软装培训机构,高级讲师,培养出大批国内优秀软装设计师。

🔍 风格主题 风格剖析 **雅阁**

淡淡的绿色墙面,宁静而清新。孔雀绿丝绒沙发,华贵而雅致。将两者结合,体现出了现代东南亚风格中,宁静而高贵的气质。墙面连续出现的曲线造型,一实一虚,凸显了空间主题。时尚的黑白条纹地毯、不规则的黑色线条茶几,延续了卧室设计的美学。将现代元素引入浓郁的东南亚客厅,创造出了具有现代感的东南亚风格空间。黑色的铁艺蒙纸组合吊灯,使空间更具地域特色。小面积的猩红色布艺以及台灯与孔雀绿形成了对比,营造出了明快而艳丽的空间氛围。

设计课堂 | 东南亚风格中,常用的绿植搭配有芭蕉叶、滴水观音、龟背竹、红掌、鹤望兰等。饰品的选择较多,常见的有泰丝靠枕、金属器皿、烛台、木雕摆件以及佛像、佛手等宗教饰品。

🔍 风格主题 风格剖析 **神秘而高洁的东南亚餐厅**

朴素的墙面色彩有序排列,搭配大理石的踢脚线,宁静而奢华。锡质吊灯悬于餐桌顶端,三位一体的排列样式,与餐桌造型遥相呼应。吊灯悬挂的高度恰到好处,舒适而安全。墙面上的东南亚风情挂画,丰富了墙面空间的装饰,而且其宽度与餐桌进深尺寸相互协调。沉稳的柚木边柜摆放着一尊原木紫金佛像,与餐桌上托盘鲜花相映成趣,并将东南亚风格中的神秘与高洁展示于其中。

设计课堂 | 餐厅在灯具的选择上,要与餐桌造型相呼应。散点的灯具组合样式,也可达到与餐桌造型呼应的效果,并且更富有变化与活力,值得推荐。

[柏舍励创]

Q | 风格主题 / 风格剖析 **温暖的午后阳光**

纯洁的白色背景墙搭配L形靠背长沙发,干净利落。白色的亚麻布艺沙发包布,典雅且大气。柚木本色的家具款式,简洁大方,是现代东南亚风格中最为常用的家具。具有民族风的围巾巧妙地用于茶几桌旗,显得自然亲切。金色的陶瓷台灯、纯色的橘黄色靠枕、绿植图案靠枕、明艳的茶花,都成为了空间中的点缀色彩。手工雕刻的半身佛像及墙面暗纹贴金装饰画,凸显出了空间的主题。窗边的孔雀椅,以其优美的造型,成为了午后阳光中最为惊艳的空间点缀,并且与东南亚风格的主题紧紧相扣。

设计课堂 | 孔雀椅,在1947年由丹麦设计师威格纳设计,是当代丹麦家具的象征。孔雀椅靠背由一个大环箍和14根放射状箭杆组成,形如一只开屏的孔雀。由于梳状靠背类似弓箭,因此又有箭椅之称。

[DOMUS设计]

Q | 风格主题 / 风格剖析 **最具现代感的东南亚风情**

宽敞的落地窗,搭配通透飘逸的麻纱纱帘,并与宝石蓝的提花丝绒帘身相组合,让空间更显现代优雅。象牙白的皮质沙发,搭配不规则的茶色镜面茶几,以及深色的单人沙发,在团花地毯的映衬下,更具现代感。明艳的泰式靠枕与花艺、复古的铜质台灯、金色的佛手摆件,都彰显出了东南亚风格的装饰特色。

设计课堂 | 东南亚风格是一个具有地域特色的家居设计风格。可以将现代的家具款式与热带风情的饰品相结合,形成具有现代感的东南亚风格空间。

[加观念设计]

Q | 风格主题 / 风格剖析 **具有东方韵味的客厅**

金色的线条灯带,为顶面空间带来了活力。超高的圆筒形吊灯则拉近了空间距离。地面上具有东南亚风情的手工雕刻家具,在纯色真丝地毯衬托下,让整体空间更具围合性。独具东南亚尖顶的陈列柜、茶几,与墙面上的装饰花格、线条结合,不仅增加了空间元素的变化,而且寓意吉祥。

设计课堂 | 具有东方韵味的客厅,不仅体现在东南亚家具的选择上,同时,将中式设计中的窗格图案及线条运用其中,能让空间更具变化与品位。

第 十 章　Interior Decoration
Style

地中海风格

室 内 装 饰 风 格 手 册

1 风格要素

风格起源

自古以来，地中海不仅是贸易的重要中心，更是西方希腊、罗马、波斯古文明以及基督教文明的摇篮。地中海沿岸拥有十七个国家。由于地中海物产丰饶，现有的居民大都是世居当地的人民，因此，孕育出了丰富多样的地中海风貌。

最早的地中海风格是指沿欧洲地中海北岸一线，特别是希腊、西班牙、葡萄牙、法国、意大利等这些国家南部沿海地区的居民建筑住宅，特点是红瓦白墙、干打垒的厚墙、铸铁的把手和窗栏、厚木的窗门、简朴的方形吸潮陶地砖以及众多的回廊、穿堂、过道。这些国家簇拥着地中海那一片广阔的蔚蓝色水域，各自浓郁的地域特色深深影响着地中海风格的形成，随着地中海周边城市的发展，南欧各国开始接受地中海风格的建筑与色彩，慢慢地，一些设计师把这种风格延伸到了室内。也就是从那时起，地中海室内风格开始形成。

地中海风格因富有浓郁的地中海人文风情和地域特征而闻名。它是海洋风格室内设计的典型代表，具有自由奔放、色彩多样明媚的特点。虽经由古希腊、罗马帝国以及奥斯曼帝国等不同时期的改变，遗留下了多种民族文化的痕迹，但追求古朴自然似乎成了这个风格不变的基调，材料的选择、纹饰的描绘以及室内色彩，都呈现出对自然属性的敬仰。

此外，地中海风格还带有浓郁的古希腊传统风情和现代田园的气息，让人们在神圣的希腊雅典神话下也能感受到简朴自然的生活。

△ 富有浓郁的地中海人文风情和追求古朴自然的基调是地中海风格室内设计的最大特点

△ 希腊地中海沿岸大面积的蓝与白，清澈无瑕，诠释着人们对蓝天白云、碧海银沙的无尽渴望

风格特征

地中海风格由建筑运用到室内以后，由于空间的限制，很多东西都被局限化了。装饰时通常将海洋元素应用到家居设计中，居室内在大量使用蓝色和白色的基础上，加入鹅黄色，起到了暖化空间的作用。房间的空间穿透性与视觉的延伸是地中海风格的要素之一，比如大大的落地窗户。空间布局上充分利用了拱形的作用，在移步换景中，感受一种延伸的通透感，能够赋予生活更多的情趣。拱形是地中海，更确切地说是地中海沿岸阿拉伯文化圈里的典型建筑样式。最早是伊斯兰教建筑从波斯建筑中汲取而来的技法。

地中海风格的装饰手法往往有着很鲜明的特征，地面可以选择纹理比较强的鹅黄仿古砖，甚至可以使用水泥自流平，墙面刷出肌理感，顶面可以选择木制横梁。室内多数以纯木家具为主，尽量采用低彩度、接近自然的柔和色彩，线条简单且修边圆润，透露出地中海朴实的一面。窗帘、桌巾、沙发套、灯罩等布艺均以低彩度色调和棉织品为主，并常饰以素雅的小细花条纹格子等图案。此外，马赛克图案也经常在地中海风格的空间中出现，如在客厅背景墙、厨房、卫浴间等空间运用的马赛克瓷砖镶嵌、拼贴，并配以小石子、贝类、玻璃珠等素材进行组合来打造地中海风情。地中海风格常用的马赛克花纹起源于希腊，早期希腊人还只会用黑色和白色马赛克进行搭配，就已经算是极度奢侈的工艺，过了很长时间才发展到用更小的碎石切割，拼出新的马赛克图案。

△ 利用拱形元素使人感受一种延伸的通透感是地中海风格的一大特征

△ 地中海风格的卫浴间经常出现马赛克与小石子等充满原生态质感的材料

希腊地中海风格	 [唐立俊设计]	希腊地中海风格的家居常用大面积的蓝与白，整体给人以清新自然之美，线条自然弯曲，流畅的粉饰灰泥墙面和手工绘制的瓷砖等，共同创造出一个对比强烈的视觉效果
西班牙地中海风格		西班牙地中海风格是基督教文化和伊斯兰文化等多种文化的相互渗透和融合，色彩自然柔和，其特有的罗马柱般的装饰线简洁明快，流露出古老的文明气息
南意大利地中海风格		意大利地中海风格一改希腊地中海的蓝白清凉，更钟情于阳光的味道，南意大利的向日葵花田流淌在阳光下的金黄，具有一种别有情调的色彩组合，十分具有自然的美感
法国地中海风格		法国地中海风格是以普罗旺斯为代表的一种法式乡村风格，随处可见的花卉和绿色植物、雕刻精细的家具，所有的一切从整体上营造出一种普罗旺斯的田园气息
北非地中海风格		在北非地中海城市中，随处可见沙漠及岩石的红褐色和黄土，搭配北非特有植物的深红、靛蓝，与原本金黄闪亮的黄铜，散发一种亲近土地的温暖感觉

装饰要素

01 粗糙墙面

粗糙的墙面是地中海风格的标签，凹凸的肌理感仿佛诉说着地中海悠久的历史

02 拱门

连续的拱廊、拱门、墙面圆拱镂空、马蹄型门窗是地中海家居重要的装饰元素

03 做旧木梁

粗糙做旧的木梁也是打造浪漫自然的地中海风格的首选

04 壁炉

地中海风格壁炉，不同于纯正的欧式壁炉，去掉了复杂的装饰，保持古朴的外形，所有的角度均是圆润光滑

05 仿古地砖

仿古地砖是朴实的大地色，些微的暖调赋予人踏实的感觉，安慰精神需求

06 棉麻布艺沙发

低彩度、线条简单的棉麻布艺沙发营造自由随意的空间效果

07 做旧原木家具

修边浑圆的实木家具或者做旧原木家具朴实自然，富有亲和力

08 吊扇灯

吊扇灯自然朴实，不仅适用于东南亚风格和美式风格，也是地中海风格家居不错的选择

09 蒂凡尼灯饰

蒂凡尼工艺灯是欧洲经典流行的传统精美灯饰，给地中海风格增添了复古而又纯美自然的氛围

10 摩洛哥风油灯

古朴而又富有异域风情的风油灯与地中海的度假风相得益彰

11 海洋元素饰品

希腊地中海风格常用海洋元素装饰品，让人感受到海天一色的自然风光

12 原生态手工饰品

粗糙不做作的原生态手工艺品，营造出地中海返璞归真的氛围

13 藤编装饰品

藤编家具不仅仅适用于东南亚风格，也是地中海风格很好的搭配单品，可营造慵懒的度假风

14 摩洛哥地毯

有着几何或抽象图案的摩洛哥地毯温暖舒适，地中海、北欧等自然氛围的空间均可使用

15 非洲元素饰品

北非地中海风格中常常出现非洲元素装饰品，例如沙漠元素饰品、面具、木雕图腾等

01
粗糙墙面

02
拱门

03
做旧木梁

04
壁炉

05
仿古地砖

06
棉麻布艺
沙发

07
做旧
原木家具

08
吊扇灯

09
蒂凡尼灯饰

10
摩洛哥
风油灯

11
海洋元素
饰品

12
原生态
手工饰品

13
藤编装饰品

14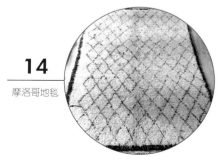
摩洛哥地毯

15
非洲元素
饰品

　　地中海风格的最大魅力来自其高饱和度的自然色彩组合，由于地中海地区国家众多，所以室内装饰的配色往往呈现出多种特色。西班牙、希腊以蓝色与白色为主，这也是地中海风格最典型的色彩搭配方案，两种颜色都透着清新自然的浪漫气息；意大利地中海以金黄向日葵花色为主；法国地中海以薰衣草的蓝紫色为主；北非地中海以沙漠及岩石的红褐、土黄等大地色为主。无论地中海风格的配色形式如何变幻纷呈，但其所呈现出来的色彩魅力是不会变的。

背景色 ｜ C 31 M 21 Y 18 K 0	主体色 ｜ C 61 M 43 Y 37 K 0	点缀色 ｜ C 0 M 20 Y 60 K 20

📝 蓝色 + 白色

蓝色和白色搭配是比较典型的地中海颜色搭配。圣托里尼岛上的白色村庄与沙滩和碧海、蓝天连成一片。就连门框、楼梯扶手、窗户、椅子的面、椅腿都会做蓝与白的配色，加上混着贝壳、细砂的墙面、鹅卵石地、金银铁的金属器皿，将蓝与白不同程度的对比与组合发挥到极致。浪漫的表达形式有很多种，但地中海蓝白色彩所弥漫出来的浪漫风情却是不可复制的。

[印象空间]

| 主体色 | C 53 M 33 Y 26 K 0 | 点缀色 | C 0 M 20 Y 60 K 20 |

△ 蓝白色空间局部加入金属元素的点缀，浪漫之中更显贵气

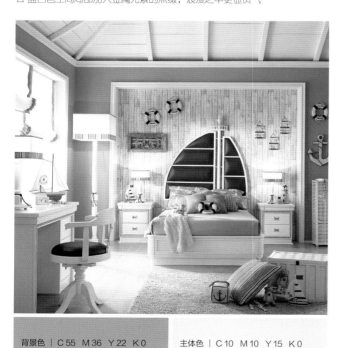

| 背景色 | C 55 M 36 Y 22 K 0 | 主体色 | C 10 M 10 Y 15 K 0 |

△ 蓝色与白色的搭配是希腊地中海风格最典型的色彩搭配组合

📝 大地色

地中海风会大量运用石头、木材、水泥以及充满肌理感的墙面，最后形成的效果是色彩感和形状感均不突出，却充满强烈的材质感。这种充满肌理感的大地色系显得温暖与质朴，和古希腊的住宅传统有点关系。沿海地区的希腊民居最早就喜欢用灰泥涂抹墙面，然后开大窗，让地中海海风在室内流动，灰泥涂抹墙面带来的肌理感和自然风格，一直沿袭到了现在。

| 背景色 | C 30 M 42 Y 50 K 0 |

△ 充满肌理感的大地色是地中海风格特点之一，并且在设计中大量运用石头、木材等自然材质

| 主体色 | C 31 M 29 Y 45 K 0 | 点缀色 | C 72 M 60 Y 52 K 5 |

△ 北非地中海风格最常用接近自然的大地色，显得温暖与质朴

　　地中海风格的家具往往会有做旧的工艺，展现出风吹日晒后的自然美感。在家具材质上一般选用自然的原木、天然的石材或者藤类，此外还有独特的锻打铁艺家具，也是地中海风格家居特征之一。为了延续希腊古老的人文色彩，地中海家具非常重视对木材的运用并保留的木材的原色。也常见其他古旧的色彩，如土黄、棕褐色、土红色等。如果是在户型不大的空间里选择地中海风格，最好是选择一些比较低矮的家具，这样让视线更加的开阔。同时，家具的线条应以柔和为主，可选择一些圆形或是椭圆形的木制家具，与整个环境浑然一体，让整个空间显得更加柔美清新。另外，在给家具搭配布艺及配饰的时候可以选择一些素雅的图案，这样可以更加凸显出地中海风格所营造出的和谐家居氛围。

 **做旧家具**

地中海风格的特点是房子里那种被海风吹蚀后的肌理感，以及充满岁月痕迹的做旧家具，给人一种居住在海边的感觉。地中海风格家具上的擦漆做旧处理工艺除了让家具流露出古典家具才有的隽永质感，更能展现家具在地中海的碧海晴天之下被海风吹蚀的自然印迹，在色彩上除了纯蓝色之外，湖蓝色也是一种不错的选择。

船形家具是最能体现出希腊地中海风情的家具之一，以其独特的造型，更是成为家中的装饰主角，在发挥家具本身功能作用的同时，也将乘风破浪的美好寓意带到了地中海的家居空间。

△ 地中海风格做旧家具

△ 船形家具以其独特的造型让人感受到来自地中海的海洋风情

△ 做旧处理工艺的家具仿佛带有被海风吹蚀的自然印迹

铁艺家具

铁艺家具是地中海风格的特色之一,例如黑色或古铜色的铁艺床、铁艺茶几以及各类小圆桌等。铁艺家具是指以通过艺术化加工的金属制品为主要材料或局部装饰材料制作而成的家具。在各式各类的家具中,铁艺家具富有装饰性,而且最能体现复古风情,古朴的色彩、弯曲的线条和厚重的材质总能给人一种年代久远的感觉。

[品辰设计]

△ 最能体现复古风情的铁艺床也是地中海风格的产物

藤艺家具

在希腊爱琴半岛地区,手工艺术十分盛行,当地人对自然的竹藤编织物非常重视,所以藤类家具在地中海地区占有很大的比例。藤制家具是世界上最古老的家具之一,很久以前人们就选用藤来制造各种各样的家具,如桌、椅、床和贮藏柜等。藤料的原始加工程序相当繁复,要经过蒸煮、干燥、漂色、防毒、消毒杀菌等工序处理。藤类家具经过严格的加工处理,具有柔韧性好、透气性强、质感自然、手感清爽、舒适别致、符合人体工程学等特点。

△ 藤制家具是经常出现在地中海风格空间的家具类型之一

△ 地中海风格藤制家具

4

地|中|海|风|格

灯饰照明

地中海风格灯具常使用一些蓝色的玻璃制作成透明灯罩，通过其透出的光线，具有非常绚烂的明亮感，让人联想到阳光、海岸、蓝天。灯臂或者中柱部分常常会做擦漆做旧处理，这种设计方式除了让灯饰流露出类似欧式灯饰的质感，还可以展现出被海风吹蚀的自然印迹。此外，在灯具的造型上也有很多的创新，比较有代表性的是以风扇为造型和以花朵等为造型的吊灯，在灯罩上运用多种色彩或呈现多种造型，而壁灯往往会设计成地中海独有的美人鱼、船舵、贝壳等造型。

[赖志广设计]

蒂凡尼灯饰

　　蒂凡尼灯饰是指专门使用彩色玻璃制作而成的灯具，且必须按照灯饰的模具图案来进行制造。蒂凡尼灯饰的风格较为粗犷，风格与油画类似，最主要特点是可制作不同的图案，即使不开灯都仿佛是一件艺术品。因为彩色玻璃是由特殊的材料制成，所以灯具颜色永不褪色。另外由于这种玻璃的特殊性，其透光性跟普通玻璃会有很大的差别，普通玻璃透出来的光可能会刺眼，蒂凡尼灯饰的透光效果柔和而温馨，能为房间营造出独特的氛围。

[唐立俊设计]

△ 蒂凡尼灯饰由彩色玻璃制作而成，即使在不开灯状态下也是一件装饰品

摩洛哥风灯

　　在北非地中海风格中，也经常能看到摩洛哥元素，其中摩洛哥风灯独具异域风情，如果把其运用在室内，很容易就能打造出独具特色的地中海民宿风格。除了悬挂之外，也可以选择一个小吊灯摆在茶几上。但在搭配时需注意尺度，有一盏小小的灯点缀即可，千万不要到处挂满。

△ 利用蒂凡尼灯饰作为镜前灯，与蓝白色的马赛克形成呼应

△ 使用摩洛哥风灯为室内空间增添别样的异域风情

✍ 铁艺灯

铁艺制品也是地中海家居中必不可少的角色之一，例如铁艺坐具、铁艺壁饰还有铁艺灯。铁艺吊灯虽比不上欧式水晶灯奢华耀眼，但明显更适合于地中海自由、自然、明亮的装饰特点，能够很好地融入整体环境。这类灯饰一般都以欧式的烛台等为原型，可大可小，在地中海风格中可以作为客厅的主灯使用。

△ 以欧式烛台为原型的地中海风格铁艺灯

△ 做旧的铁艺吊灯体现地中海风格质朴的特点

✍ 吊扇灯

地中海风格空间中的吊扇灯是灯和吊扇的完美结合，一般以蓝色或白色作为主体配色，既有装饰效果，又兼具灯和风扇的实用性，是地中海风格家居的必备灯饰。柔和的灯光加上缕缕清风，就如同在空间里诉说着浪漫情怀。

△ 集实用与装饰为一体的白色吊扇灯

✍ 仿古马灯

马灯是一种过去常悬挂在马背上的煤油灯，因为携带较为方便，因此常能在讲述西欧历史的电影中看到它的出现。它造型别致，黑色金属的质地和透明玻璃的组合有一种别样的古老气息，恰好符合了地中海风格所需要的特质。在实际使用中，可以将它作为床头灯或者手电使用。

△ 历史悠久的仿古马灯具有强烈的复古气息

　　地中海风格家居中，窗帘、沙发布、床品等软装布艺一般以纯棉、亚麻、羊毛、丝绸等纯天然织物为首选。地中海风格往往带有一定的田园自然气息，所以低彩度色调的小碎花、条纹、格子图案的布艺是其常使用到的配图元素。色彩上，蓝色和白色是地中海最为经典的色彩之一，充分体现了地中海风格的浪漫情怀。所以在地中海风格空间里配以蓝白颜色的布艺，往往给人以蓝天碧海的视觉享受，加上洒落在房间里的阳光，让人仿佛置身于爱琴海曼妙迷人的风景之中。此外，选择带有海洋元素的布艺，能让地中海式的家居环境多几分活泼与随性，如船类、海洋、沙滩、贝壳、天空等图案都是不错的选择，应注意的是图案的选择不宜过于随意，避免破坏了清新浪漫的空间氛围。

清新素雅的窗帘

清新素雅是地中海风格窗帘的特点，如果窗帘的颜色过重，会让空间变得沉闷，而颜色过浅，会影响室内的遮光性。因此根据室内的整体装饰格调，选择较为温和的蓝色、浅褐色等色调，采用两个或两个以上的单色布来撞色拼接制作窗帘，不但简单别致，充满生活情趣，还隐约地散发着清新的海洋风情。

△ 蓝白色的印花窗帘是地中海风格的常见选择

[美述空间设计]

△ 帆船图案的窗帘为儿童房增添趣味性

📝 经典色系床品

地中海风格的主要特点是带给人轻松浪漫的居室氛围，因此床品的材质通常采用天然的棉麻，并搭配轻快的地中海经典色系，使卧室看起来有一股清凉的气息。碧海、蓝天、白沙的色调是地中海的三个主色，也是地中海风格床品搭配的三个重要颜色，而且无论是条纹还是格子的图案搭配都能让人感受到一股大自然柔和的魅力，让人仿佛置身于圣托里尼的海岸边，享受着地中海清新的海风。

△ 海洋生物图案的蓝白色床品仿佛海风铺面而来

△ 地中海风格的床品重在打造轻松浪漫的居室氛围

📝 棉麻材质桌布

地中海风格的餐桌适合选用棉麻材质的桌布，棉麻材质不仅天然环保、吸水性好，而且其体现出的自然质感更是为地中海风格所要表达的空间主题锦上添花。桌布上可以搭配蓝白条纹、浅色格子以及小花朵等图案，清新简单的桌布往往可以提升用餐环境的愉悦气氛。

△ 条纹图案的棉质桌布轻松营造令人愉悦的用餐环境

纯天然材质地毯

明媚的阳光、蔚蓝的海天就是地中海风格的典型代表元素，给人更多返璞归真的感受。蓝白、土黄及红褐、蓝紫和绿色等色彩的地毯更能衬托地中海风格轻松愉悦的氛围，可以选择棉麻、椰纤、编草等纯天然的材质。如果觉得室内的其他装饰色彩过于素雅，也可选择一张动物皮毛地毯改变空间的氛围。

此外，摩洛哥地毯也经常出现在北非地中海风格的空间中，摩洛哥花纹地毯区别于伊朗地毯的深沉繁复，它有着优美的几何条纹和更明快的色彩，其中以长线条和菱形花纹居多。

△ 地中海风格地毯

△ 带有异域风情的地毯给室内带来更丰富的面貌

△ 选择动物的皮毛或图样做地毯，体现地中海风格追求质朴、原始的特点

6 软装饰品

　　地中海风格属于海洋风格，家居饰品一般以自然元素为主，有关海洋的各类装饰物件都可以适当地运用在地中海风格的家居空间里，如帆船、冲浪板、灯塔、珊瑚、海星、鹅卵石等素材，都可以用来装点地中海风格空间里的各个角落，让整个空间洋溢着幸福的海洋味道。此外，还可以加入一些红瓦和粗窑制品，让空间散发出一种古朴自然的味道，不被纷繁的流行元素左右，反而是一种难能可贵的气质。

[印象空间]

海洋主题摆件

地中海风格宜选择与海洋主题有关的摆件饰品，如帆船模型、贝壳工艺品、木雕海鸟和鱼类等，有了这些饰品的点缀，可以让家居装饰生动活泼，更能给空间增添几分浪漫的海洋气息。此外，铁艺装饰品是地中海风格中常用到的搭配元素，无论是铁艺花器，还是铁艺烛台，都能为地中海风格的家居空间制造亮点。

做旧处理的挂件

在地中海风格家居的墙上可以挂上各种救生圈、罗盘、船舵、钟表、相框等挂件，有助于营造出一个纯粹地道的海洋风格空间。由于地中海地区阳光充足、湿气重、海风大的原因，物品往往容易被侵蚀、风化、显旧，所以对饰品进行适当的做旧处理，能展现出地中海的地域特征，反而能带来意想不到的装饰效果。

△ 地中海风格摆件

△ 地中海风格挂件

△ 海洋主题的摆件饰品最适合装点地中海风格的空间

△ 由于地中海地区的地理原因，很多挂件饰品都采用做旧处理的方式

绿意盎然的绿植与花艺

地中海风格常使用爬藤类植物装饰家居，同时也可以利用一些精巧曼妙的绿色盆栽让空间显得绿意盎然。小束的鲜花或者干花通常只是简单地插在陶瓷、玻璃以及藤编的花器中，枯树枝也时常作为花材应用于室内装饰。此外，康乃馨在希腊及南欧海岸被称之为宙斯之花，因此，康乃馨无疑是地中海风格家居中不可或缺的一部分。花器一般不做精雕细琢，以流露清新自然的感觉为主，常见的有陶制、铁艺等简单素朴的花器。

△ 利用餐桌上的花艺活跃就餐气氛

△ 地中海风格做旧工艺的陶瓷花器

△ 藤编花器富有自然的气息

静物内容装饰画

　　地中海风格装饰画的内容为一般以静物居多，如海岛植物、帆船、沙滩、鱼类、贝壳、海鸟以及蓝天和云朵等，还有圣托里尼岛上的蓝白建筑、教堂、希腊爱琴海都能给空间制造不少浪漫情怀。虽然静物所呈现出来的装饰感不够张扬，但能给地中海风格的空间增加不少闲适感。

△ 圣托里尼岛图案的黑白装饰画充分体现出地中海风格的特征

△ 地中海风格装饰画

清新浪漫的餐桌摆饰

　　清新与浪漫是地中海风格软装一贯秉承的风格，因此餐具以陶瓷和玻璃材质为主，色彩上追求清新淡雅，印花要简洁清新，最好搭配同色系的餐巾，颜色不宜过于出挑和繁复。陶制或瓷质的装饰物可以作为餐桌上的搭配，如花器、酒器等，但数量不能过多，繁杂的餐桌饰品反而会破坏了地中海的浪漫风情。

△ 追求清新与浪漫是地中海风格餐桌摆饰的最大特点

★ ★ ★ ★ ★

特邀点评专家

刘建月

就职于北京品牌设计公司，亚太室内设计师协会会员，作品荣获北京市家居设计大赛优秀设计奖，寻找迁西最美家室内设计大赛评委。从事室内设计多年，以钟爱浓郁热烈的色彩、追求简单平实的生活为设计理念，其作品个性、张扬、追求极致。

[飞视设计]

[美述空间设计]

🔍 | 风格主题
风格剖析 | **温馨典雅深蓝魅力**

在阳光充足的卧室中，大面积采用了象牙白作为墙面色彩，给人以温暖和煦的氛围。大地色系的床品沉稳大气、穿插橘色抱枕点缀其间，增加了空间色彩层次。法式庞贝椅摆放于床尾处显得优雅自然。深蓝色和米灰色条纹与图案抱枕，丰富了空间视觉效果。床头柜上的相框和花枝，同时采用了橘色作为点缀，使空间中的色彩避免了孤立的存在。

设计课堂 | 在居住空间中，采用大地色系搭配，可以给人沉稳舒适的感觉。大地色顾名思义就是接近大地的自然色彩，如棕色、米色、卡其色、绿色等。当然在家居中采用大地色不宜过于鲜艳，如点缀色彩可适当选择低彩度的颜色。

🔍 | 风格主题
风格剖析 | **暖暖新家精心布置**

这个客厅硬装较为简洁，顶面采用木梁的形式，局部吊顶既保证了层高，同时又突出了自然特色。清混结合的地中海风格家具，采用了象牙白色柜体和栗色木饰面相结合，体现出清新自然的地中海特色。铁艺的吊灯线条粗犷，给空间平添了几分厚重质感。和墙面同色的沙发使空间环境统一协调，从而形成了温馨舒适的整体格调。

设计课堂 | 在会客空间环境的营造中，大面积采用同色设计给人以整体温馨柔和的空间感，深色的家具木饰面和铁艺灯点缀，使空间色彩层次更为丰富。深蓝色的窗帘使空间宁静优雅，并且成为亮丽的点缀风景。

[视设计]

宁静复古混搭出色

粗犷的工业风书架，采用了黑色铁管作为支撑，并搭配深色胡桃木隔板为空间营造出宁静复古的感觉。大小不一的地球仪和世界地图，在书架中从侧面体现出西方的航海文明。蓝白相间的窗帘，独具海洋特色。墙面上蓝色的游泳比赛艺术装饰画，成为整个空间的主角，在色彩呼应的同时增加了空间装饰的可读性。

设计课堂 ｜ 在家庭装修中，如果采用中央空调则会使吊顶高度有所降低，这间书房为了拉高空间的视觉感受，设计师特意挑选了蓝白相间的竖条纹壁纸。

[唐立俊设计]

🔍 风格主题
风格剖析
海天一色浪漫假日

本案为小户型的酒店式公寓，在注重满足实用功能的同时，兼顾美观效果。希腊地中海的建筑特色蓝白相间，非常具有浪漫的度假氛围。电视背景提取建筑中的曲线来做造型，中间铺贴文化砖突出肌理质感。沙发背景大面积的蓝色风景壁画，为室内增添了美景，搭配蓝白相间的布艺沙发，营造出了地中海风格的浪漫格调。

设计课堂 ｜ 希腊地中海特色鲜明，以蓝白相间的建筑与风景闻名于世。在室内设计同样可以借鉴建筑风格的造型样式，采用蓝白相间的配色来营造浪漫清新的度假氛围。

[飞视设计]

🔍 风格主题
风格剖析
自然闲适清雅田园

在这个空间中充满了休闲舒适的田园气息，有着如同度假般的空间感受。室内设计充分利用原建筑的特点，在两个窗户中间增设装饰壁炉，使其呈现出三段式的西方建筑美感。高贵的象牙白墙板作为整个背景的打底色，显得典雅端庄。白色的百叶帘和窗帘在遮挡窗户光线的同时，营造出了淡淡的田园风情。复古的铁艺蜡烛吊灯以及拉丝铜制的落地灯，为空间带来了古朴的气质。

设计课堂 ｜ 在西方设计风格中，镜面的应用技巧颇多，同时也是比较出彩的视觉中心之一。本案中的壁炉上方，采用了黑色铁艺复古方格边框镶嵌镜面装饰，使空间视觉效果丰富的同时，还强化了风格的连贯性。

第十一章　Interior Decoration Style

后现代风格

室 内 装 饰 风 格 手 册

风格起源

后现代一词，从字面上解释即为"超越现代"的意思。说到后现代风格的概念先要了解后现代主义，后现代主义一词最早出现在文学上，用来描述现代主义风格内部发生的逆动，特别是指一种对现代主义纯理性的逆反心理，故被称为后现代主义。它出现于 19 世纪 70 年代，作为一种现实的思潮，在 20 世纪 60 年代开始在欧洲大陆真正地崛起，并于 70 年代末 80 年代初，开始成为整个西方世界的流行话语。80 年代末 90 年代初其影响开始传播到第三世界的国家。

后现代室内装饰风格是后现代主义的衍生物，也是其重要标志，它主张现代主义纯理性的逆反心理，是对现代主义风格中纯粹性主义倾向的批判。后现代风格的空间设计强调突破旧传统，反对苍白平庸及千篇一律，并且重视功能和空间结构之间的联系，善于发挥结构本身的形式美。往往会以最为简洁的造型，表达出最为强烈的艺术气质，从而为家居空间带来了舒畅、自然、高雅的生活情趣。

强调历史性和文化性是后现代风格室内装饰的主要表现，肯定了装饰对于视觉的象征作用，并且在装饰意识和手法上有了新的拓展。装饰性为多种风格的融合提供了一个多样化的环境，使不同的风貌并存，以这种共享关系贴近居住者的意义和习惯。此外，在世纪末怀旧思潮的影响下，后现代风格将传统的典雅与现代的新颖相融合，创造出了集传统与现代、古典与时尚于一体的空间设计，并且在室内装饰中形成了一种新的形式语言与设计理念。

△ 后现代风格的空间设计强调突破旧传统，讲究创新与独特

△ 巴黎蓬皮杜艺术中心是 20 世纪世界现代艺术的杰作

△ 澳大利亚悉尼歌剧院是后现代风格建筑的代表之一

△ 诞生于 20 世纪中叶的纽约贫民窟的后现代风格涂鸦艺术

风格特征

后现代风格的室内设计既强调建筑及室内装饰的历史延续性，同时摒弃传统的逻辑思维方式，探索创新的造型手法，常在室内设置夸张、变形的柱式和断裂的拱券，或把古典构件的抽象形式以新的手法组合在一起，采用非传统的手法装饰室内空间。此外，后现代主义室内设计完全抛弃了现代风格的严肃与简朴，并且充满了大量的装饰细节，刻意制造出一种含混不清、令人思考的空间特点。

艺术性的装饰是后现代风格设计最为典型的特征，主张采用装饰手法来达到空间及视觉上的丰富，将轻松愉快带入日常生活中，使家居生活不再严肃刻板。在后现代风格设计中，可以看到很多文化符号的怪异组合，中式与西式元素的自由组合，新思潮与旧思潮的碰撞。华丽光亮与黯淡无光，平滑与粗糙、古朴与时尚，都被在一个空间内显示出来，以材质、灯光、配饰、颜色等形式，有机地融合为一体。以复杂性取代了现代风格简洁单一的特性，用非传统的混合、叠加等手段，营造出空间复杂、多元的氛围，替代了现代风格统一明确的特性，在艺术风格上更加的多元化。

后现代风格的一些设计会给人以一种怪诞感，认为任何事物、任何设计和搭配都是充满了各种动态的可能性。夸张的色彩和造型的设计，表面上看起来好像是一种简单的借用，或者是奇思怪想的任意组合，没有章法，不考虑实用，但这样的设计手法反而将人们从简单、机械、枯燥的生活中解救了出来，使生活状态变得更加感性丰富。

后现代风格在设计上大量运用特立独行的新材料，铁制构件、玻璃、瓷砖、亚克力、铝材等新工艺，并且注重室内外之间的沟通，竭力给室内装饰艺术制造新意。除了材料的选择与新工艺的运用，后现代风格更强调材料的几何造型、不规则造型，以形成对传统家居装饰的突破。

[益善堂设计]

△ 为了给室内装饰创造更多的新意，后现代风格在设计上大量运用特立独行的新材料

△ 夸张和变形的造型设计充满视觉张力，是后现代风格的典型特征

△ 平滑与粗糙、古朴与时尚，都能在同一个后现代风格空间内显示出来

装饰要素

01 不规则流线型家具

打破原有的家具设计规律，进行新的组合与创新

02 几何色块装饰

家具表面及纹样、墙面常常以几何撞色装饰

03 金属及玻璃饰品

家具及饰品常用带有光泽的材料，更具有视觉冲击力，比如金属光泽及玻璃亚克力等反光透明材质

04 古典元素变异家具

古典元素进行简化变异或者选用金属、亚克力等新材质的家具

05 造型夸张的灯饰

不规则形状具有超强视觉冲击力

06 抽象艺术画

夸张人像及抽象色块装饰画

07 夸张抽象的艺术摆件

抽象的人脸摆件、怪诞的人物雕塑都是后现代风格里最常见的软装工艺品摆件

08 非对称线条墙面地面装饰

用曲线与非对称来表达对美的感受，不拘泥于传统的思维方式，讲究人情味

01
不规则流线型家具

02
几何色块装饰

03
金属及玻璃饰品

04
古典元素变异家具

05
造型夸张的灯饰

06
抽象艺术画

07
夸张抽象的艺术摆件

08
非对称线条墙面地面装饰

后现代风格的色彩运用大胆创新，追求强烈的反差效果以及浓重艳丽或黑白对比，多以表达艺术气质为主轴，诸如令人晕眩神迷的桃红色、个性十足的紫蓝色、安定静谧的湖水蓝、饱满而中性的巧克力色等。中性色在后现代风格的空间里常被作为主要色调运用，既能衬托出家具等器物，又容易使室内取得协调统一的艺术效果。中性色与其他色彩的对比，能为空间带来鲜明且富有个性的感觉。如果在后现代风格的空间里运用黑、灰等较暗沉的色系，则可以搭配白、红、黄等相对较亮的色彩，给空间带来视觉上的冲突。

[柏舍励创设计]

背景色 ｜ C0 M0 Y0 K40	辅助色 ｜ C0 M0 Y0 K100	点缀色 ｜ C60 M40 Y30 K0

明亮色调

后现代风格的设计都尽力去表现各种富于个性化的文化内涵，从天真滑稽直到怪诞、离奇等不同情趣。在色彩上常常故意打破配色规律，喜欢用一些明快、风趣、彩度高的明亮色调，特别是粉红、粉绿等艳俗的色彩，同时在构图上往往打破横平竖直的线条，采用波形曲线、曲面和直线、平面的组合，来取得室内意外效果。

[柏芝设计]

主体色 ｜ C 50 M 47 Y 43 K 0	辅助色 ｜ C 4 M 20 Y 71 K 0	点缀色 ｜ C 96 M 93 Y 39 K 0

△ 饱和度较高的黄色结合不规则的构图带来鲜明且富有个性的感觉

对比色

后现代风格的色彩通常会呈现出强烈的对比感，其中黑色、白色是后现代风格空间中最为常见的对比色。优雅的黑色和浪漫的白色形成强烈的对比，为空间营造出一种时尚前卫的艺术感。由于色彩之间的对比相当强烈，因此必须特别慎重考虑色彩彼此间的比例问题。在后现代风格空间使用对比色进行配色时，必须利用大面积的一种颜色与另一个面积较小的互补色来达到平衡。

[美度设计]

主体色 ｜ C 15 M 12 Y 10 K 0	辅助色 ｜ C 0 M 0 Y 0 K 100	点缀色 ｜ C 13 M 20 Y 72 K 0

△ 以黑白灰为主调的空间中，还可采用一些明亮、艳丽的色彩加以点缀

　　后现代家具不像现代家具那般注重功能、简化形态、反对过多的装饰，而是注重装饰的要求而轻视功能以及注重形体构成上的游戏心态、近乎怪诞。也就是说后现代家具是指形式奇怪、色彩狂躁、技术暴露的家具。

　　后现代风格家具主张新旧融合、兼容并蓄的折中主义立场，有目的、有意识地挑选古典建筑中具有代表性的、有意义的细节，对历史风格采取混合、拼接、分离、简化、变形、解构、综合等方法，运用新材料、新的施工方式和结构构造方法来创造，从而将家具在空间里的装饰作用提到了一个新的高度。

Pixel 像素柜		限量版的 Pixel 像素柜是创意和手工的完美结合，柜子饰面 1088 块缤纷的三角形像素图案，由十种不同的珍贵木材采用金箔、银箔、喷漆等工艺制作而成，抛光的黄铜基座包括方与圆，造型独特，精致的美感引人瞩目
Heritage Sideboard 餐柜		Heritage Sideboard 餐柜由多层不同的手绘瓷砖组合而成，每一层结构都描绘了一段不同时期的葡萄牙发展历史，其内容取材于一些包含历史意义的古老建筑，蓝白的色调给人一种青花瓷般的美好质感
Newton 桌子		Newton 桌子体现了科学与艺术的关系，设计师取材于牛顿的万有引力定律，突破了人们的想象。整张桌子由黑、金组合的球体叠放而成，球体之间依靠重力彼此支撑，这种前卫的未来感给家居生活带来了冲击力与无限的想象空间

📝 反光材料家具

后现代家具有轻功能、重装饰的特点，突破了传统家具的烦琐和现代家具的单一局限，注重个性以及创造性的表现，常使用具有反光功能的新材料，比如金属、玻璃、亚克力等，让居家充满戏剧感和趣味性，表达不破不立的生活态度，使空间拥有自己独特的风格与艺术追求。

△ 具有反光功能的新材料家具反射出多重赏心悦目的室内景致，让居家充满戏剧感和趣味性

异形家具

随着家具行业的不断发展，后现代风格家具的设计也呈现出日新月异的趋势。在后现代风格的空间添加一些奇妙的异形家具，能为家居生活带来意想不到的惊喜。这种造型独特、突破传统常规的家具设计，带来了一种全新的感觉和生活体验。各式各样的异形家具将后现代风格的空间装点得更具气质，它将个性创意元素与实用主义融入其中，让家居装饰成为了一种艺术。充满个性又便捷实用的异形家具，在后现代风格的家居生活中展现着非凡的艺术魅力。

△ 抛光的铸铜材质与不规则造型的金色茶几为空间带来强烈的视觉效果

△ 后现代风格异形家具

◇ 蚂蚁椅

蚂蚁椅是经典的后现代家具，因其造型酷似蚂蚁头，而被命名为蚂蚁椅。蚂蚁椅的椅背和椅面大多采用模压复合胶合板材质制作，从而提高了使用时的舒适度。椅腿一般以不锈钢材料经过抛光打磨处理，新材质的运用让蚂蚁椅看起来更具现代气质。最初的蚂蚁椅是三条腿，由于考虑到使用时的安全性和稳定性，因此将其设计成四条腿，而且随着家具行业的不断发展，蚂蚁椅在外形和尺寸规格上也越来越丰富。从最初的三足发展到四足、没有扶手到增加扶手、单一色彩到多种色彩，简单的结构、优美的曲线与轻巧的造型是蚂蚁椅经久不衰的重要因素。

4

灯饰照明

　　抽象并富有艺术感是后现代风格灯饰的最大特点，其材质一般采用具有金属质感的铝材、黄铜及另类气息的玻璃等，后现代风格的灯饰追求艺术气质，富有张力，淘汰了过去一味追求表面造型的华美及过分的装饰，采用后现代常用的混合、叠加、错位、裂变等手法设计成几何形、流线型、不规则树枝形等，呈现出极具生命力、不受束缚的特性。在强调个性的同时，又注重与背景环境的搭配与融合，使灯饰在满足功能要求的前提下，外观造型尽可能的特立独行。

装饰类灯饰

在后现代风格的空间里，灯饰除了具备基本的照明功能外，更多的是用于装饰作用，除了吊灯、落地灯、台灯之外，嵌入式射灯和绳索式吊灯都是后现代风格中常见的灯饰。此外，还有许多利用新材料、新技术制造而成的艺术造型灯具，让光与影变幻无穷，给后现代风格的空间增添前卫和时尚的年轻气息，将个性态度尽情彰显。

艺术型吊灯

都说灯饰是家居装饰的眼睛，对于后现代风格来说灯饰的作用已经超出了照明的范畴，不再仅仅是作为一件简单的家居照明工具，它甚至可以作为一件艺术品装点空间。比如搭配一盏艺术气质的吊灯可以为后现代风格的家居增添几分艺术气息。并且以其缤纷多姿的光影，提升后现代风格空间的品质感。艺术吊灯的材质以金属居多，金属的可延展性为富有艺术感的灯饰造型带来了更多的可能性，并且以其精练的质感，将后现代风格别具一格的生活态度展现得淋漓尽致。

△ 艺术型吊灯

△ 后现代风格装饰类灯饰

[陈岩设计]

△ 富有装饰性的主灯形成夸张新颖的视觉效果

△ 艺术型吊灯的金属材质与餐椅的软性材质形成软硬度的对比，丰富了空间的质感

5

后 | 现 | 代 | 风 | 格

布艺织物

　　个性与原创是后现代风格装饰设计的重要特征，在布艺的搭配上更是如此。如在布艺上饰以变形的图案、夸张造型的装饰、不规则的几何图形等，使其充满艺术感和时尚感。几何图案被后现代风格布艺所偏爱是因为它富有变化但不失秩序感，不同样式的几何图纹搭配在一起，丝毫不会显得混乱。此外，后现代风格的布艺在颜色上也更加明快和时尚，既有历史的传承，又有着时尚的演绎。后现代风格虽然将以往写实的元素变得抽象，但却依然能传递出唯美而又独特的感觉。在布艺上注入对家居美学的巧思以及独到的个人气质，有助于打造出独一无二的后现代艺术空间。

[盘石设计]

富有个性气质的窗帘

后现代风格的窗帘搭配以营造出富有艺术感的家居氛围为主。如果想要让空间显得沉稳，可以选择黑灰白的色彩；若觉得空间颜色过于单一，可适当搭配有图案的面料，如黑白灰条纹、不规则几何形，还有大胆的撞色都是很好的选择。为了避免破坏整体空间的后现代艺术气息，窗帘上的图案不能过多，应点到为止。后现代风格的家居空间注重个性的展示，因此在窗帘的选择上没有单一性，可根据居住者的个性和喜好以及整体家居的设计来进行搭配。

△ 纯色的灰调窗帘营造出后现代风格富有艺术感的家居氛围

简洁纯粹的床品

后现代风格的床品相对于整体空间来说造型一般较为简单，在颜色的选择上以简洁，纯粹的黑、白、灰和原色为主，并且往往会和床头墙、装饰画、地毯或者窗帘等室内其他的颜色形成互补关系。在床品的图案上不再过多地强调复杂的设计，以简单的条纹、几何形为主，后现代风格的卧室空间所需要的只是一种艺术上的回归。

[盘石设计]

△ 后现代风格的床品以凸显简洁现代的气质为设计重点

△ 色彩层次丰富的床品搭配异形床头，形成一种视觉上的立体感

协调空间色彩的地毯

在后现代风格的家居空间中，地毯的选择没有太大的局限，既可以选择简洁流畅的图案或线条，如波浪、圆形等抽象图形，也可以选择单色地毯。需要注意的是，地毯在选色上要考虑到协调家具、地面等环境色，同时也要考虑到整体空间的艺术层次感。如果觉得单色地毯风格过于单一，可以点缀少许跳跃的或不规则的撞色，独到的配色哲学蔓延到当代都市生活空间中，旨在呈现温馨轻松的生活气息。

△ 后现代风格地毯

△ 带简洁流畅的图案或线条的地毯是后现代风格空间的首选

△ 地毯上点缀少许跳跃的红色提亮整个黑白灰的后现代风格空间

软装饰品

后现代主义的主要特点就是简约，有着返璞归真的美感，讲究的是简洁、实用、功能性强。后现代风格追寻传统的人文情怀，通过对装饰的打造，表达隐喻其中的想象和情感，通过仪式化的设计特征，表达人性化、有爱心的设计感觉，使用打破传统的图形和色系，在家居软装饰上多采用变形、扭曲等装修方式。造型独特，工艺精细，每一处装饰都蕴藏着个性与巧思，于低调中诠释着艺术品位。后现代风格的空间并不强调装饰品的数量，数量过多反而为充满艺术感的空间增加负担。因此，在进行摆放的时候，讲究精致到位。玻璃、不锈钢等新型材料制造的工艺品，也是后现代风格居家环境中常见的元素，带来前卫、不受拘束的感觉。

抽象怪诞的装饰摆件

后现代家居的工艺品非常具有个性，其中颠覆传统的怪诞型饰品应用广泛，为家居环境带来无尽的创意。抽象造型的饰品以其独具特色的艺术性，在后现代家居中被广泛运用，抽象的人脸摆件、怪诞的人物雕塑都是后现代风格里最常见的软装工艺品摆件，而一些具有斑驳与做旧效果的装饰也很适用。

△ 后现代风格摆件

△ 个性图案的陶瓷摆件

△ 抽象的人脸摆件

硬朗气质的金属挂件

金属是工业化社会的产物，也是体现后现代风格特色最有力的手段。一些金色的金属工艺品挂件搭配同色调的烛台或桌饰，可以营造出气质独特的后现代空间氛围。在使用金属挂件来作为墙面装饰的时候，应注意添加适量的布艺、丝绒、皮草等软性饰品来调和金属的冷硬感，烘托出后现代特立独行的时尚气息，并且能平衡整个家居环境的氛围。

△ 后现代风格金属挂件

△ 金属挂件迎合后现代风格空间追求特立独行的个性

构图变化多端的花艺

后现代风格花艺的造型与构图往往变化多端，常以感性的抽象和理性的抽象造型出现。追求自由、新颖和趣味性，以突出别具一格的艺术美感。在花材和花器的选择上限制较少，植物的花、根、茎、叶、果等都是后现代风格空间花艺题材的选择。另外，花材的概念也从鲜活植物延伸到了干燥花和人造花，并且植物材料的处理方法也越来越丰富。由于后现代插花作品自由、抽象的外形，与之配合的花器一般造型奇特，并且选材广泛，如金属、瓷器、玻璃、亚克力等材质都较为常见。

[盘石设计]

[盘石设计]

△ 后现代风格的花器造型独特，并且材质上不拘一格，金属、陶瓷与玻璃材质较为常见

抽象艺术的装饰画

后现代风格的装饰画题材以抽象艺术为主，与其空间特点相得益彰，并且可以与分布在不同位置、不同材质的家居软装配饰作为呼应，从而为空间带来了意想不到的装饰效果。抱枕、地毯以及饰品摆件等都可以和装饰画中的颜色进行完美的融合。此外也可以运用视觉反差的方法选择装饰画，例如在黑白灰的格调中，采用明黄色的抽象画提亮空间，打造出个性独特的后现代空间气质。

△ 抽象画是后现代风格常用的软装元素之一

呈现艺术气质的餐桌摆饰

后现代风格的餐桌摆饰以呈现艺术气质为主，因此对装饰材料和色彩的质感要求较高。设计上摒弃了现代简约的呆板和单调，也没有古典风格中的烦琐和严肃，而是给人恬静、和谐有趣的氛围，或抽象或夸张的图案，线条流畅并富有设计感。餐具的材质包括玻璃、陶瓷和不锈钢、大理石等，颜色上也是丰富多彩，对比强烈的撞色经常被使用，但一般色彩不会超过三种。此外，在后现代风格中，有时会将餐具的色彩与厨房或冰箱的色彩在空间里形成呼应。

△ 桌旗与茶杯上均出现对比强烈的撞色，瞬间活跃就餐氛围

△ 不规则造型的餐具与花器形成富有趣味性的餐桌摆饰艺术

★★★★★

特邀点评专家

贾立强

2014 年中国室内设计年度百强人物，作品荣获 2014—2015 年度国际环艺创新设计作品大赛公寓空间方案类二等奖，亚太空间设计师协会会员，室内设计联盟特邀室内设计培训讲师，［设计本］2017 年度设计人物专访特邀设计师。

🔍 风格主题 风格剖析 **流行的破与立**

白色简洁的顶面与金色元素的吊灯，和带有金色线条的门相映成趣。简单中增添典雅高贵。酒红色的地毯让整体氛围温暖且浪漫，不规则的屏风让线条感更生动起来。运用金色和橘色产生色彩的碰撞，也让整体视觉更有质感。色彩丰富的抽象画更添浪漫气息，在看似混乱的搭配中实现了对流行的破与立，并成功地凸显了主人的个性。

设计课堂 ｜ 流行从来就不会一成不变，设计师在软装的搭配上打破了传统风格的教条化，黑金配色的大推拉门、抽象的后现代油画作品、暗红色的地毯，无处不透露着主人的独特品位。

🔍 风格主题 风格剖析 **未来的遐想**

LED 灯光的大量应用，彰显了本案的格调。运用矩阵造型的顶灯、抽象风格的壁灯，以及充满着线路板意向的地面造型与墙饰，附以大面积的反光玻璃装饰，很好地传达了科技与未来的遐想。科技能改变人们的生活，亦能改变家居装饰的艺术。

设计课堂 ｜ 灯具是体现设计语言的很好的载体，它往往站在时尚的最前沿。所以利用具有未来高科技含量的灯具，来表达空间的未来时尚感很讨巧。同时地面与屏风又很好地利用了电路板的符号作为载体，一下把人带入到了科技的想象中。

[盘石设计]

Q | 风格主题 | 风格剖析 | 曲线为美

本案摒弃了现代风格重功能轻装饰的特点，并利用现代高科技的施工技术，实现了顶面墙面的曲线化处理。整体空间以不规则化的设计语言为主，造型的多元化、模糊化、不规则化都在空间里体现得淋漓尽致。

设计课堂 | 作品中大量应用了曲线元素，并将之发挥到了极致。目之所及无处不曲线，曲线代表了柔美、圆滑，也反映了主人的性格与趣味，极具浪漫主义与个人主义。

Q | 风格主题 | 风格剖析 | 人性化自由化的卧室

繁杂的装饰是后现代风格区别于现代风格最为典型的一个特征。木质、玻璃、皮革材质的大面积应用，以复杂性和矛盾性去洗刷现代主义的简洁性与单一性。采用非传统的混合叠加灯饰的设计手段实现了多元化的统一。

设计课堂 | 本案大胆运用了多材料的组合，产生了独特的装饰效果，突破了功能主义对装饰效果的约束，并凸显了后现代装饰风格的人性化、自由化。

[盘石设计]

Q | 风格主题 | 风格剖析 | 科技的魅力

从整体布置到别具一格的镜子，从造型和材质的特别，再到后现代的装饰品，无不透露出设计师的审美情趣和对创意的追求。使用木质与玻璃混合，并将铁艺造型休闲椅、金属质感沙发等综合运用于室内设计，成功地给这个充满未来感的书房空间带来了科技与时尚的魅力。

设计课堂 | 室内设计与工业设计本来是两种不用的设计方向，但是本案作者大胆地把工业产品设计元素带入室内设计中，模糊了设计界限，大胆创新，它是设计中的跨界作品。

第十二章　Interior Decoration Style

装饰艺术风格

室 内 装 饰 风 格 手 册

风格起源

  装饰艺术风格又称 Art Deco 风格，最早出现在建筑设计领域，起源于巴黎博览会，成熟于 20 世纪二三十年代美国的摩天大楼建设时期，本身是现代工业的产物，"装饰"这个词"Deco"在拉丁语词根里就是"外在，表面，多余"的意思，因此装饰主义派，是在现代建筑的灵魂以及躯壳上，加一点具有某种古典意味的装饰，比如强调纵向的线条。典型的例子是美国纽约曼哈顿的克莱斯勒大楼与帝国大厦，其共同的特色是有着丰富的线条装饰与逐层退缩结构的轮廓。除了这些举世闻名的建筑物外，在其他类型的建筑物，无论是私人或公共建筑、纪念性或地域性，都可以看见装饰艺术风格的影子，如方盒状的公寓、巨型的发电厂与工厂、流线型且充满异国色彩的电影院、金字塔状的教堂等等。

  上海在 20 世纪 20 年代初到 30 年代出现了建筑业的繁荣时期，而装饰艺术风格建筑占据了这一建筑高潮时期的主导地位。上海号称"万国建筑博览会"的老建筑，绝大多数建造于该时期。最早的装饰艺术风格建筑可追溯到汇丰银行大楼的内饰，1925 年诺曼底公寓更是装饰艺术风格的惊艳登场。从国际饭店、福州大楼、上海大厦，到国泰电影院、百乐门、美琪大戏院，以及衡山路附近的一些高级公寓，上海成为继纽约之后装饰艺术风格建筑最多的城市。

  随着装饰艺术风格建筑的出现与盛行，装饰艺术风格的室内设计也应运而生，作为新艺术运动的延伸和发展，完成了从曲线向直线、趋于几何的转变。装饰艺术风格造型上的全新现代内容，体现出强烈的时代感，是当时的欧美中产阶级非常追崇的一种室内装饰风格。它与现代主义几乎同时诞生，两者都非常强调几何造型，但其区别在于工艺。除此之外，与现代主义风格的发展一样，也有许多因素影响着装饰艺术风格的发展。立体主义、后印象派、未来派及野兽派与壮观的俄国芭蕾艺术，都为装饰艺术风格的形成起了推波助澜的作用。

  装饰艺术风格的室内设计鲜明地反对古典主义与自然主义及单纯手工艺形态，主张机械之美的现代设计，以新的装饰替代旧的装饰，在造型与色彩上表现现代内容，显现时代特征。同时作为象征现代化生活的风格，以严明的轮廓、几何的形体、阶梯状的造型、新材料的运用为其特点，而被越来越多的人所接受。

△ 具时代意义的纽约帝国大厦是装饰艺术风格的代表作

△ 位于上海外滩的和平饭店是装饰艺术风格的力作

风格特征

　　装饰艺术风格从许多流派运动和文化中吸取灵感，如新艺术运动、包豪斯、立体主义。它既强调摩登、革新以及与机器生产的结合，同时又保留了许多传统的因素。把装饰艺术单纯地看成一种统一的室内设计风格是不恰当的，它是一种芜杂的风格，其渊源来自多个时期、文化与国度。其既有从欧洲古代文明中继承的传统形式如古希腊、古罗马风格，又引入其他文明如古埃及、古代中国、古代日本、非洲原始部落艺术、美洲玛雅文化、古巴比伦等。由于其表现形式融合了当地本土的装饰风格特征，因此其设计手法可以说是对整个室内设计界的探索。

　　例如哥特式建筑中高耸挺拔的造型，充满了向上升腾的动势，这种特点被装饰艺术风格摩天大楼所继承。建筑中特有的尖拱、肋骨拱、飞扶壁、束柱等形式对装饰艺术风格建筑的设计产生了重要启迪，也成为装饰艺术风格室内装饰设计的重要特征之一。垂直装饰线条，竖向装饰线条，阶梯状向上收缩的造型等，被广泛地运用在室内墙面造型、墙纸以及家具设计中。几乎所有的装饰艺术风格建筑，均为中心对称的建筑，成为经典建筑有其传统美学的基础。装饰艺术风格的室内设计空间也多以这种对称的手法来表达。在整体布局上讲究古典秩序感，如强调对称、追求宏大的气魄，古典秩序感使装饰艺术风格持续了新古典主义中宏伟与庄严的特点。

　　从建筑立面到室内空间，装饰艺术风格的造型和装饰都趋于几何化的造型。常见的有阳光放射形、阶梯状折线形、V字形或倒V字形、金字塔形、扇形、圆形、弧形、拱形等等。这些形状反复出现，无论是公共建筑还是住宅，以这些形状为基本造型要素，运用于地毯、地板、家具贴面，创造出许多繁复、缤纷、华丽的装饰图案。这些独特的设计语言成为装饰艺术风格的重要特点。

△ 装饰艺术风格图案

△ 装饰艺术风格空间会大量运用呈现出非常强烈运动感的图案

△ 斑马纹地毯　　　　　　△ 装饰艺术风格建筑细部

275

装饰艺术是奢华与时代的象征，追求感性与异文化图案的有机线条，并结合了工业文化所兴起的机械美学，善于表达机器时代的技术美感，因此机械式的几何线条也常被用来表现空间里的现代气息，比较典型的装饰图案有辐射状的太阳光、齿轮等。此外由于受到新艺术运动的影响，喜欢采用灵巧、卷曲、苗条的植物装饰图案，所以装饰艺术风格的室内设计还会出现感性自然、稍显阴柔的卷曲线条，如花草、动物的形体，尤其喜欢用藤蔓植物的线条。

装饰艺术风格的空间整体非常有力量感而且极为醒目，注重表现材料的质感、光泽，并善于运用新材料体现出其风格的生命力，其应用的新材料主要有合金材料、不锈钢、镜面、天然漆以及玻璃等。为了使家具体现出奢华的品质感，还会应用一些珍贵的材料，如贵金属、乌木、皮草等材料。把装饰艺术风格的魅力展现得淋漓尽致，而且无论时代如何变迁，都能结合当下的装饰设计特征，寻找到新的突破。

除此之外，在装饰艺术风格中，对富有异国特征的材质的运用也非常普遍，如中国的瓷器、丝绸、法国的宫廷烛台、非洲的木雕等，埃及与玛雅等古老文化元素的体现也是其设计特点之一，都能更好地丰富装饰艺术风格的内涵与形式。装饰艺术风格室内装饰设计表现内容还

△ 阶梯状向上收缩的造型灯饰

△ 装饰艺术风格大多采用新材料和新技术创造新的形式，并且主张装饰与功能有机结合

非常具有灵活性，装饰艺术风格的装饰内容可以根据不同需要灵活变换，从而为不同的对象和目的服务。这种包容性使其具有很好的弹性，可容纳看起来截然不同甚至互相矛盾的东西，将其统一于装饰艺术风格范畴中，从而遍及全球成为一种国际性的艺术风格。

△ 古建筑中束柱的体现　　　　△ 阶梯状向上收缩的造型家具

△ 对称和古典秩序的体现　　　　△ 古埃及人像

△ 植物装饰图案家具　　　　△ 古老东方文化元素

△ 欧洲女巫文化　　　　△ 蛇皮纹家具

装饰要素

01 地面几何拼花

拼花地板及大理石拼花地面

02 装饰浮雕

古典建筑中的雕刻工艺也常被用来作为室内装饰元素

03 奢华布艺

丝绒真丝带有反光的面料，突出装饰效果

04 金属、玻璃等奢华材质

金属、玻璃等奢华材质运用在家具的设计中，让空间充满视觉冲击力

05 绚丽基调色彩

金属色、中性色及鲜艳的原色。金属色包括金、银、铜、金属蓝、炭灰和铂等

06 几何图形

几何造型装饰常见于墙面与家具表面

07 机械美学

常见齿轮、放射状扇形出现在家具设计及墙面装饰画上

08 古埃及文化元素

古埃及元素常常以摆件、装饰画等形式出现

09 装饰线条

装饰线条常常出现在家具表面与墙面装饰，用来表现空间里的现代气息

10 哥特文化元素

哥特文化元素垂直装饰线条、竖向装饰线条、阶梯状向上收缩的造型等，被广泛地运用在室内墙面造型、墙纸以及家具设计中

01
地面几何拼花

02
装饰浮雕

03

奢华布艺

[集艾设计]

04

金属、玻璃等奢华材质

[集艾设计]

05

绚丽基调色彩

06

几何图形

07

机械美学

[布鲁盟设计]

08

古埃及文化元素

09

装饰线条

[布鲁盟设计]

10

哥特文化元素

[尚壹扬]

配色美学

2

装饰 | 艺术 | 风格

　　装饰艺术风格在色彩构成上，与新艺术运动和工业美术运动追求典雅的色彩大相径庭，特别强调纯色、对比色和金属色的运用。空间有着浓郁又不失感性的色彩元素，具有强烈鲜明的色彩特征，常以明亮且对比强烈的颜色来表达空间气质，具有强烈的装饰意图。常用色彩包括银色、黑色、黄色、红色，也常用乳白色、米黄色、淡黄色、紫色、米白色、橙色等。此外还注重使用强烈的原色和金属色系，如金、银、铜等金属的色彩。由于装饰艺术风格在色彩设计中强调运用鲜艳的纯色、对比色和金属色，因此往往会呈现出华美绚烂的视觉效果。在如今强调个性和张扬独立精神的时代下，色彩成为寄托精神和表达情感的重要工具，装饰艺术风格之所以备受人们推崇和喜爱，正是由于它有着五彩斑斓和激烈昂扬的色彩塑造。

[优加观念设计]

主体色 ｜ C 71　M 70　Y 55　K 11　　　辅助色 ｜ C 81　M 51　Y 60　K 5　　　点缀色 ｜ C 0　M 20　Y 60　K 20

对比色系

装饰艺术风格空间里的色彩往往充满了对比与冲突。例如亮丽的红色、带有荧光的粉红色、电镀的蓝色、警报器的黄色、热烈的橘色、带有金属味的金色、银白色及古铜色等，使空间充满视觉冲击力的同时又极具创意及层次感。使用对比强烈的配色设计，可以有效加强整体空间配色的装饰效果，而且能表现出特殊的视觉对比与平衡效果，从而让装饰艺术风格的空间呈现出个性鲜明的风格特点。

| 辅助色 |
| C 75 M 62 Y 50 K 5 |

| 点缀色 |
| C 87 M 40 Y 56 K 0 |

| 点缀色 |
| C 0 M 20 Y 60 K 20 |

[葛亚曦]

△ 红色与绿色的使用产生既强烈对比又丰富调和的良好效果

| 背景色 |
| C 0 M 0 Y 0 K 0 |

| 主体色 |
| C 0 M 0 Y 0 K 100 |

| 点缀色 |
| C 0 M 20 Y 60 K 20 |

[集艾设计]

△ 黑白对比强烈的餐厅空间呈现出个性鲜明的风格特点

金属色系

金、银、铜等金属色系是打造装饰艺术风格华丽特质的常用色彩元素。将流行的金属色引入室内，并运用不同的工艺技术，将金属的刚硬和闪亮，质感以及装饰性完美地搭配在了装饰艺术风格的空间里，从家具、灯饰到饰品摆件到处都充斥着金属的颜色及光泽，从而给家居空间带来了全新的视觉惊喜。"高调地叛逆，自由地发光"是对装饰艺术风格配色最完美的诠释。

背景色 |
C 69 M 79 Y 75 K 49

辅助色 |
C 0 M 0 Y 0 K 40

点缀色 |
C 0 M 20 Y 60 K 20

△ 金属色是打造装饰艺术风格空间最常用的色彩之一

背景色 |
C 41 M 30 Y 27 K 0

主体色 |
C 20 M 15 Y 15 K 0

点缀色 |
C 0 M 20 Y 60 K 20

△ 装饰风格的家具与软装饰品的细节处经常点缀着金属的颜色及光泽

家具陈设

　　兼具古埃及、玛雅等文化，并将古典派、哥特派、立体派等元素融为一体的装饰艺术风格，又同时结合了机械美学和爵士时代的摩登表现手法，将装饰艺术感以不同层次的感官体验呈现。在软装家具设计上，这些特性也被运用得淋漓尽致。除了多元文化的融入，装饰艺术风格家具依然延续线条形式的强烈的装饰性，灵活运用重复、对称、渐变等美学法则进行造型设计。

　　装饰艺术风格的家具往往呈现出流线型，由于没有修饰性的褶边，因此显得简洁而醒目。其家具表面肌理光滑整洁，而且体积一般较大，此外还会在家具上大量地运用一些如金属、玻璃等非传统的装饰材料，表现出一种桀骜不驯的气质。为了增加装饰艺术风格空间的豪华感与奢靡感，常采用玛瑙、玉石、水晶玻璃等材料对家具进行重点装饰。在材质上常用乌木、黄檀木、斑纹木等昂贵木材，而且会保留木材本身的纹理和色泽，再以局部采用金色和银色点缀于线脚和转折面，通过色彩对比产生强烈的装饰性，并且突出了家具的结构和质感以及雍容华贵的气质，从而形成了一种全新的家具设计美学价值。

[GNU 金秋软装]

金属元素家具

装饰艺术风格作为世界建筑史上的重要的风格流派，时常体现高耸、挺拔的感觉，所以在家具的造型和气质上也会常常体现这一特征，金属材质硬朗的线条和醒目的光泽是最好不过的选择，所以在装饰艺术风格的家具上金属材质被广泛地运用，比如箭羽造型的黄酮拉手、带有金属线条镶嵌的书柜，或者是全部用金属打造的流线型茶几等等，奢华的金属光泽，则流淌出浓郁的时尚气息。

△ 石材镶嵌书柜

△ 贝壳镶嵌妆台

△ 金属线条装饰咖啡桌

△ 金属线条装饰柜

植物元素家具

植物的造型也是装饰艺术风格设计中的常用元素。在这种风格中通常使用植物造型纹样装饰在家具上，然而不同于新艺术风格对植物纹样的模仿，而是将植物造型抽象升华为几何造型。经过提炼的图案表现出特殊的装饰性，夸张造型中既保留了华丽的风格又具有强烈的现代气息。

特殊材质镶嵌家具

装饰艺术风格的家具饰面材质、选料精美，经常会使用一些新奇的材质作为装饰。比如使用镶嵌贝壳、镶嵌石材等特殊工艺，传承欧洲宫廷风格，使其显得高贵优雅。在深沉的黑色贴面材料中镶嵌洁白的贝壳，画龙点睛，流光溢彩。有的用胡桃木做饰面，饰以看似平滑而色彩浓重的大理石、玄武岩或者做旧的黄铜做几何图案装饰，在奢华和张扬中又有内敛时尚的气息。

△ 植物元素家具

283

4

装饰 | 艺术 | 风格

灯饰照明

　　装饰艺术风格的灯饰造型以流线型和简单的几何形组合为主，不仅造型精美，做工也十分细腻，灯饰的整体造型显得华贵而高雅，充满浓郁的贵族气息。总体来讲，装饰艺术风格的灯饰具有和室内其他软装一致的戏剧性、优雅感和未来感。在灯饰的制造材料上，往往会大量地采用不锈钢、铜和玻璃等材质，灯饰的玻璃表面常常会用蚀刻和涂珐琅的手法加以处理，此外白玻璃和艺术玻璃形式的彩色玻璃，也常被运用于装饰艺术风格的灯饰设计上。

[GNU 金秋软装]

✏ 艺术壁灯

　　别致的灯饰是装饰艺术与建筑美学完美结合的产物。壁灯一般是作为装饰艺术风格空间的补充照明，其整体结构呈流线型、几何形、竖长形等造型。装饰艺术风格壁灯的材质一般由铜、钢材或者镀银的金属基座与乳白色或彩色的玻璃灯罩组成。

[HCL 设计]

△ 几何形壁灯

[集艾设计]

△ 竖长形壁灯

几何造型吊灯

几何元素是装饰艺术风格里最为明显的特征之一。简约而独特的几何元素在其灯饰上也有所体现。几何结构的吊灯造型设计，通过不同的形体线条使空间充满了动态化的视觉节奏，为空间带来了更为强烈的动感和时尚感，从而形成了特殊的抽象美。此外，在几何吊灯的材质上，一般以银色、黑色、金色的金属灯架，加白色玻璃灯罩的搭配形式为主，整体于简洁中展现个性气质。

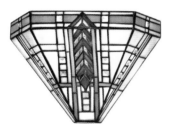

△ 几何造型吊灯

△ 装饰艺术风格吊灯充满浓郁的贵族气息

△ 几何结构的吊灯造型设计形成特殊的抽象美

5

装饰 | 艺术 | 风格

布艺织物

　　装饰艺术风格最具代表性的特点就是几何线条，还有埃及演化的纹样，比如莲花、金龟子、金字塔、蛇纹等。除了这些还借鉴了远东、中东、希腊、罗马与玛雅文化中的纹样及图腾等，对于多国文化的采用才让这个风格如此令人着迷。所以装饰艺术风格的布艺设计上主要体现以上纹样，材质也依然沿用奢靡的气质。例如华丽感十足的丝绒，它质地柔软、光泽度好、质感独特。带有镶钻、亮片和金属光泽涂层的布艺也是经典的装饰艺术风格的选择，奢华、时尚正符合装饰主义的设计表达。

极富经典美感的窗帘

装饰艺术风格的窗帘样式大多较为简洁，不会有太多繁杂的花纹与图案，窗帘材质一般以绸缎、天鹅绒以及棉布等面料为主，此外也常用百叶帘和滚轴遮阳帘。蕾丝钩针形式的窗帘是装饰艺术风格中常见的窗帘样式，一般会在中心饰以涡卷形图案，并且边缘常见波浪形边框，其图案融合了传统欧洲和埃及的图案特色，极富经典美感。

△ 装饰艺术风格的窗帘样式较为简洁，没有多余的帘头设计

营造高雅氛围的床品

装饰艺术风格的卧室如同一个绚烂多彩的舞台，为了营造出高雅华贵的空间氛围，在床品上往往会大量地采用金色、银色、蓝色、紫色或者铁灰色等带有光泽度的面料。纯色或花纹都很常见，图案包括程式化的花卉和装饰艺术风格经典的线条或几何纹样等。

△ 带有光泽感的面料流露出华贵气息，由植物造型提炼的几何纹样具有强烈的现代感

△ 素色的床品搭配几何图形的装饰抱枕和羊毛毯，增添一丝内蕴渐显的生活气度

饱含几何美感的地毯

    装饰艺术风格的地毯一般以褐色、黑色或褐灰色为主，从而突出了家具醒目的色彩，沉稳与活力的色彩相互呼应，在空间里制造出奢华而又富有艺术气息的视觉效果。装饰艺术风格多用的几何元素在地毯图案的选择上也是如此，其图案包括锯齿形、方形、三角形、Ｖ字形、圆点等。各种样式的几何元素地毯为装饰艺术空间增添了极大的趣味性，图案的复杂性也为空间装饰带来了视觉上的冲击力。

△ 装饰艺术风格地毯图案

△ 地面的放射状图案是装饰艺术风格的主要特征之一

△ 黑白分明的简洁几何构图富有视觉张力

突出夸张装饰感的抱枕

装饰艺术风格里的抱枕一般也会遵循其他软装布艺的原则，条纹或者几何抽象图案会经常出现。为了制造强烈的对比效果，单色块的抱枕常常被用来提亮整个空间，用来和深色基调的空间形成色彩反差。而带条纹或者几何图案的抱枕则与其他布艺图案或者家具、灯饰的线条呼应。靠枕的搭配数量通常遵循以多胜少的原则，突出空间的夸张装饰感。

[优想观念设计]

△ 装饰艺术风格的空间经常出现几何抽象图案的抱枕

[奥迅设计]

△ 几何图案的抱枕与菱形的床头软包形成和谐的呼应

6

装饰 | 艺术 | 风格

软装饰品

装饰艺术风格的饰品往往代表着 19 世纪末科学技术的创新与进步，老式电视机、收音机、钟表和留声机等都是不错的饰品。装饰艺术风格空间里所搭配的饰品往往会呈现出强烈的装饰性，并且善于灵活地运用重复、对称、渐变等美学法则，使几何元素融于饰品中，搭配空间里的其他元素，使空间充满诗意并富有装饰性，如采用金属、玻璃和塑料制造的工艺品、纪念品与家具表面的丝绒、皮革一起营造出豪华典雅的空间氛围。此外，伴随着对非洲原始文化及南美洲古文明的狂热追求，夸张的非洲部落舞蹈面具、木雕都被选进装饰艺术风格的美学体系。特别是神秘的南美洲玛雅文化装饰纹样，吸引着很多的艺术家和设计师的眼光，尽显装饰艺术风格的艺术感和文化的多元化特点。

极富形式美感的墙面挂饰

装饰艺术风格里的装饰挂镜往往利用镜面本身来模仿装饰艺术风格建筑的造型特点，挂镜材料一般以黄铜或者银质为主。镜框上常常饰以动物、花卉和几何图形。装饰艺术风格里还常见八角形、放射形、几何造型和不规则造型的挂钟，挂钟表面通常饰以高光泽度的木质饰面板，并且利用精湛的工艺拼贴出锯齿形、三角形等几何图形作为挂钟饰面。此外，以陶瓷、金属为材质制作的挂钟在装饰艺术风格里也较为常见。

△ 饰以几何图形的黄铜材质装饰挂镜

 ## 装饰感突出的花艺

装饰艺术风格的花艺装饰追求材料的时代气息与装饰效果，因此花材品种的挑选也十分挑剔和严格，搭配时也遵循夸张的造型，比如大枝叶大线条的绿植被经常使用。或者将奇异的花卉材料与动物羽毛搭配在一起，则能为空间带来浓郁的异域气息。在花器上，常用刻花玻璃、彩色玻璃、反光强烈的金属或者黑白色的石材制造，花器在造型上有时也会呈现出简单的几何感，以强调装饰艺术风格空间的奢华和注重装饰的特点。

△ 选择造型夸张的植物搭配金属底座的玻璃花器，提升空间的温馨感

[集艾设计]

△ 黑白几何图案的镀金花器制造强烈的对比效果

充满抽象美感的装饰画

在装饰艺术风格的空间里，复古和抽象艺术是主要特点。看似毫无规矩与逻辑可言的几何线条装饰画，搭配在家居环境中却呈现出了与众不同的气质。另外值得一提的是在装饰艺术风格中最为常用的抽象画，抽象艺术最早出现于俄国艺术家康定斯基的作品中，它是由各种反传统的艺术影响融合而来，虽然一直被人们看成是难懂的艺术，不过在装饰艺术风格的空间里却能起到画龙点睛的作用。此外，复古效果的做旧的电影海报、黑白建筑装饰画也非常适合运用在装饰艺术风格的空间里。

△ 抽象艺术装饰画使得装饰艺术风格空间呈现出与众不同的气质

视觉效果强烈的餐桌摆饰

在装饰艺术风格中，餐桌摆饰往往呈现出强烈的视觉效果和简洁的形式美感。在摆饰设计上一般会将桌布、餐巾等传统的餐桌装饰内容剔除，但仍会保留烛台和餐桌中心的饰物，烛台一般会选用银或黄铜等材质制作。餐桌的中心装饰可以是金属器皿、彩色玻璃器皿，大理石也是近几年的主要

装饰材料，比如大理石托盘、餐垫、摆件等等。整体呈几何造型，显得大方且优雅，器皿表面通常饰以装饰艺术风格经典的几何形和条纹等图案。

△ 装饰艺术风格的餐桌摆饰中经常出现铜质烛台作为点缀元素

△ 几何图案的餐具和彩色玻璃器皿

室内实战设计案例

7

装饰 | 艺术 | 风格

★★★★★

特邀点评专家

王梓羲

软装行业教育专家、国家家居流行趋势研究专家，ZLL CASA 设计创始人兼创意总监，从业十余年，致力明星私宅、酒店、会所的室内设计，倡导并积极实践"一体化整体设计理念"的先行者，主张通过空间的一体化设计，让居者得到物境、情境、意境的和谐统一。"真实的灵感瞬间应该都来自于对生活的深层次记忆及感悟。"

[HOL 设计]

Q | 风格主题 风格剖析 | **维也纳浪漫华尔兹**

电视背景墙以中轴线对称布局，黑色烤漆材质的电视柜用 ArtDeco 特有金属折线进行点缀，与黄铜腿黑色烤漆圆茶几在空间中形成对话关系。地面上经典的放射型几何拼花、深灰色油蜡皮沙发、黄色单椅，形成了视觉上的张力，凸显经典与现代的交织感。大理石、皮革、玻璃、烤漆、黄铜在同一空间交织，重新定义了古典与华丽，宛若一首华尔兹舞曲一般节奏自由，旋律酣畅。

设计课堂 | 富有光泽的面料是装饰主义的最爱。华丽丝绒、皮革、亚克力、玻璃、各种金属等一起营造出奢华前卫的空间氛围。

[布鲁盟设计]

Q | 风格主题 风格剖析 | **香榭丽舍的漫步**

宽阔的洽谈及聚会娱乐空间中，有温润的姜黄色泽介入，棉麻与丝绒材质的混搭使空间更具包容性。姜黄色与草绿色丝绒，加上拉丝金属在空间中的点缀，让人在精致典雅中又感受到了自然清新的味道，仿佛漫步在初秋的香榭丽舍大道上。壁炉的安置实现了现代摩登生活与经典法式文学跨时空的对话。

设计课堂 | 在装饰艺术风格中，色彩扮演着重要的角色，而且特别强调纯色、对比色和金属色的运用。在当今强调独立个性的时代，装饰主义风格越来越受到年轻人的青睐。

G 大调小步舞曲

整个空间的设计语言主要以标志性的黑白条纹为主，并贯穿于客厅与餐厅空间中。经典的黑白条纹地毯仿佛一幅装饰画，大面积提升空间的装饰感。灰色褶皱的工艺丝绒沙发与深灰色皮质单椅的围合，让空间显得融洽自然。最夺人眼球的要数沙发后面的玄关桌，在内敛与品质之外，还融入了奇特的设计元素。整体空间的设计在舒适和艺术之间达到共振，像一首 G 大调小步舞曲般，节奏平稳、明快、轻巧又不失典雅浪漫。

设计课堂 | 规则的几何及线条在装饰主义中不可或缺，地面常利用石材的几何拼花、线条装饰，或者以类似元素的地毯作为装饰，以凸显空间的现代都市感。

华丽高贵的大师之家

这是一个将对比设计发挥得淋漓尽致的空间。金色与蓝色，丝绸与丝绒，大理石与玻璃，不同材质之间的碰撞在空间里擦出了与众不同的火花，并一扫视觉上的沉闷。黑色亮光金属楼梯，用打破常规的弧形作为装饰，纤细的线条与空间中其他线条相得益彰，于低调简约中散发古典气质，尽显装饰主义的奢华气质。每一种材质的选择，每一种颜色的搭配，每一个线条的把握，都兼具了视觉、听觉、触觉的功能效应，让艺术与家具的性能形成了完美融合。

设计课堂 | 装饰艺术的空间不拘泥于一种统一的室内设计风格，它是一种芜杂的风格。多种材质、多种颜色、多个时期的家具以及多种文化的相互交融，为空间带来了别具一格的装饰效果。

[易和极尚设计]

安静浪漫的仲夏夜

玄关大量地使用了黑色与金色，凸显出了装饰主义的特征。墙面挂画选择欧式复古建筑室内画，充满典雅而怀旧的意味。画框的细节处理也相当到位，黑色木质画框为主题加以描金线条装饰，与黑色烤漆玄关桌加金属镜面装饰有异曲同工之处。空间中经过艺术化处理的装饰元素，不论是金属镜面还是木质烤漆，都在这里碰撞、融合、共生。克制，但不冷漠，于静谧之中流淌着动人心弦的浪漫。

设计课堂 | 复古摩登是装饰主义的代名词，在整体布局上讲究古典秩序感。在饰品上又会选择现代时尚造型的单品作为调和丰富。旧的电影海报、黑白建筑装饰画是非常不错的选择。

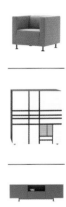

第 十 三 章　Interior Decoration
Style

现代简约风格

室 内 装 饰 风 格 手 册

风格起源

　　简约主义源于 20 世纪初期的西方现代主义，是由 20 世纪 80 年代中期对复古风潮的叛逆和极简美学的基础上发展起来的。90 年代初期，开始融入室内设计领域，以简洁的表现形式来满足人们对空间环境那种感性的、本能的和理性的需求，这就是现代简约风格。而现代简约风格真正作为一种主流设计风格被搬上世界设计的舞台，实际上是在 20 世纪 80 年代。它兴起于瑞典。当时人们渐渐渴望在视觉冲击中寻求宁静和秩序，所以简约风格无论是在形式上还是精神内容上，都迎合了在这个背景下所产生的新的美学价值观。欧洲现代主义建筑大师 Mies Vander Rohe 的名言 "Less is more" 被认为是代表着简约主义的核心思想。

　　现代简约风格延续了现代风格追求简洁、强调功能的特点。由法国建筑师保罗·安德鲁设计的中国国家大剧院、以香港设计师梁志天的作品为代表的大量室内设计作品对于简约风格设计起到了积极的推动作用。两者的共同点都是以完美的功能使用和简洁的空间形态来体现自己对简约风格的理解。虽然在各个时代都对简约有不同的理解，但简约风格的室内设计核心就是强调功能与形式的完美结合，在任何一个室内空间中，人永远占据主体地位，设计的重点应考虑如何合理使用空间功能，以及人在使用任何设施时的方便性。

△ 现代简约风格的室内设计核心就是强调功能与形式的完美结合

△ 法国建筑师保罗·安德鲁设计的中国国家大剧院整个壳体风格简约大气，宛若一颗晶莹剔透的水上明珠

风格特征

现代简约风格的特点是将设计的元素、色彩、照明、原材料简化到最少的程度，但对色彩、材料的质感要求很高。在当今的室内装饰中，现代简约风格是非常受欢迎的。因为简约的线条、着重在功能的设计最能符合现代人的生活。而且简约风格并不是在家中简简单单地摆放家具，而是通过材质、线条、光影的变化呈现出空间质感。

想要打造现代简约风格，一定要先将空间线条重新整理，整合空间垂直与水平线条，讲求对称与平衡，不做无用的装饰，呈现出利落的线条感，让视觉不受阻碍地在空间延伸。除了线条、家具、色彩、材质，明暗的光影变化则更能凸显出空间的质感，展现出空间的内涵。光影的变化包含自然采光及人工光源，自然采光受限于空间的条件，但并非不能改善，可以透过空间设计的手法引光入室。

材质的运用影响着空间风格的质感，现代简约风格在装饰材料的使用上更为大胆和富于创新，例如简约主义的代表瑞士设计师赫尔佐格和德梅隆组合的作品"伦敦泰特现代美术馆"和"鸟巢"主要特征就是体现在对材料的使用上。玻璃、钢铁、不锈钢、金属、塑胶等高科技产物最能表现出现代简约的风格特色，不但可以让视觉延伸创造出极佳的空间感，并让空间更为简洁。另外，具有自然纯朴本性的石材、原木也很适用于现代简约风格空间，呈现出另一种时尚温暖的质感。

△ 室内灯光照明制造的光影变化对现代简约风格空间的氛围营造起着至关重要的作用

△ 室内空间呈现出简洁利落的线条感是现代简约风格的主要特征之一

△ 现代简约风格对材料的质感要求很高，金属、玻璃、石材等装饰材料已经被广泛应用

装饰要素

01 去除一切繁复设计

现代简约风格的空间去除一切繁复设计，例如不使用雕花、踢脚线、石膏线等

02 空间功能分区简化

现代风格追求空间的实用性和灵活性，空间功能分区尽可能简化，功能空间相互渗透，使得利用率达到最高

03 高级灰应用

现代简约风与高级灰的相遇，营造出低调而不失优雅的室内空间

04 多功能家具

现代简约风格注重简洁实用，家具强调功能性设计

05 简约抽象造型摆件

简约抽象造型摆件，造型简洁，反对多余装饰，常用鲜艳的纯色作为空间的点缀

06 局部墙面大色块装饰

现代简约风格不仅仅拘泥于单色的墙面，也可用几种柔和的颜色把墙面刷成淡淡的几何图案，受到时下年轻人的喜爱

07 黑白灰烤漆家具

烤漆家具具有表面光洁、无肌理感、视觉冲击力强的特点，常常被用于简约风格中

08 镜面、玻璃和亚克力材质

镜面、玻璃和亚克力等新型材料的应用，是现代简约风格常见的手法，能给人带来前卫、不受拘束的感觉

09 无框艺术抽象画

无框艺术抽象画摆脱了传统画边框的束缚，更符合大众的简约标准

10 直线条家具

现代简约家具崇尚少即是多的美学原则，线条简约流畅

11 绿植装饰

现代简约风格装饰元素少，尽量选择白绿色的花艺或绿植作为装饰，点到为止

12 无主灯设计

在空间内通过增设轨道灯、射灯、筒灯或者落地灯和台灯等实现照明，既美观又实用，也是现代简约风格简洁特点的体现

01
去除一切繁复设计

02
空间功能分区简化

03
高级灰应用

04
多功能家具

05
简约抽象造型摆件

06
局部墙面大色块装饰

07
黑白灰烤漆家具

[严晓静设计]

08
镜面、玻璃和亚克力材质

09
无框艺术抽象画

10
直线条家具

11
绿植装饰

[予时国际设计]

12
无主灯设计

2

现代 | 简约 | 风格

配色美学

　　以色彩的高度凝练和造型的极度简洁，用最简单的配色描绘出丰富动人的空间效果，这就是简约风格的最高境界。可能在很多人的心目当中，觉得只有白色才能代表简约，其实不然，原木色、黄色、绿色、灰色甚至黑色都完全可以运用到简约风格家居里面，例如白色和原木色的搭配在简约风当中是天作之合，木头是天然的颜色，和白色不会有任何冲突。除此之外，要展现出现代简约风格的个性，也可以使用强烈的对比色彩，凸显空间的个性。

| 主体色 | C 37　M 27　Y 18　K 10 | 点缀色 | C 45　M 45　Y 30　K 0 | 点缀色 | C 56　M 38　Y 33　K 0 |

✏ 黑与白

　　黑色和白色在现代简约设计风格中常常被作为主色调。黑色单纯而简练，节奏明确，是家居设计中永恒的配色，很多现代简约风格都会利用黑色，但是要灵巧运用黑色，而不是用太多的黑色。白色让人感觉清新和安宁，白色调的装修是简约风格小户型的最爱，白色属于膨胀色，可以让狭小的房间看上去更为宽敞明亮。

主体色	C 10　M 10　Y 15　K 0

辅助色	C 0　M 0　Y 0　K 100

△ 在大面积白色块面中出现黑色线条的勾勒，让空间显得更富层次感

✏ 高级灰

　　高级灰最早出现于绘画当中，是灰色和灰色调的通俗叫法，是一种灰得有美感的颜色。意大利著名画家乔治·莫兰迪淡泊物外，迷恋简淡，加上一生不曾结婚，被称为"僧侣画家"。他的创作风格非常鲜明，以瓶瓶罐罐居多，色系也很简单。由于他的灰调画作极具辨识度，因此很多人又把高级灰色调称作"莫兰迪色"。

　　近年来，高级灰迅速走红，深受人们的喜欢，灰色元素也常被运用到现代简约风格的室内装饰中。通常所说的高级灰，并不是单单指某几种颜色，更多指的是整个的一种色调关系。有些灰色单拿出来并不是显得那么的好看，但是它们经过一些关系组合在一起，就能产生一些特殊的氛围。

［艾克建筑设计］

主体色	C 55　M 46　Y 45　K 0	点缀色	C 73　M 56　Y 42　K 0

△ 大面积高级灰平静柔和，削弱了色彩对人情绪影响的同时会让人感觉更理性、更矜持

同类色

在现代简约风格的室内装饰中，运用同色系做搭配是较为常见、最为简便并易于掌握的配色方法，例如咖啡配米色，深红配浅红等。同色系中的深浅变化及其呈现的空间景深与层次，可让整体尽显和谐一致的美感。虽然同类色搭配的方式可以创造一个稳重舒适的室内环境，但这并不意味着在同色系组合中不采用其他的颜色，少量的点缀还是可以起到画龙点睛的效果，只要把握好合适的比例即可。

[橙白室内设计]

| 背景色 | C 72 M 70 Y 67 K 28 | 点缀色 | C 72 M 65 Y 60 K 10 |

△ 在室内软装中，可利用中性色作为背景色出现，使空间色彩显得平衡而又不紊乱

| 背景色 | C 80 M 31 Y 13 K 0 | 点缀色 | C 99 M 85 Y 32 K 0 |

△ 同类色的搭配尽显和谐一致的美感，但又通过色彩明度深浅的变化制造出层次感

中性色

中性色搭配融合了众多色彩，从乳白色和白色这种浅色中性色，到巧克力色和炭色等深色色调，其中黑白灰是常用到的三大中性色。中性色配色方案时尚、简洁，是应用最广泛的一种室内设计配色方案。现代简约风格中的中性色是多种色彩的组合，而非使用一种中性色，并且需要通过深浅色的对比营造出空间的层次感。

[大集空间设计]

| 主体色 | C 40 M 35 Y 35 K 0 | 辅助色 | C 0 M 0 Y 0 K 100 |

△ 中性色自身含蓄的特点容易表现出安静优雅的空间气质，并且可用于调和色彩，突出其他颜色的特征

家具陈设

现代简约风格的家具线条简洁流畅，无论是造型简洁的椅子，或是强调舒适感的沙发，其功能性与装饰性都能实现恰到好处的结合。一些多功能家具通过简单的推移、翻转、折叠、旋转，就能完成家具不同功能之间的转化，其灵活的角色转换能力，无疑在现代简约风格的家居环境中起到了画龙点睛的作用。在现代简约风格的居室中，可以选择能用作床的沙发、具有收纳功能的茶几等。

[ULD 家居设计]

直线条家具

直线条家具的应用是现代简约风格的特点之一，无论是沙发、床还是各类单椅，直线条的简单造型都能令人体会到简约的魅力。

对比于真皮沙发的典雅大方，直线条的布艺沙发则更为轻盈柔软，样式新颖，色彩多变，十分适合年轻居住者的口味。在现代简约风格空间中，直线条的布艺沙发属于应用最广的家具，其最大的优点就是舒适自然，休闲感强，容易令人体会到家居放松感，可以随意更换喜欢的花色和不同风格的沙发套，而且清洗起来也很方便。

此外，直线条的板式床也十分适合现代简约风格居室。板式床是指基本材料采用人造板，使用五金件连接而成的家具，一般款式简洁，简约个性的床头比较节省空间。板式床的价格相对其他类型便宜一些，而它的颜色和质地主要依靠贴面的效果，因此这方面的变化很多，可以给人以各种不同的感受，十分适合现代简约风格居室。

△ 现代简约风格直线条家具

◇ Z 形椅

Z 形椅由工业设计大师 Gerrit Rietveld 在 1934 年设计，这种椅子的脚、座椅和靠背部分均摆脱了传统椅子的造型，非常节省空间，是现代简约风格里最具代表性的椅子之一，整张椅子被简化成 4 块通过榫卯及钉子拼接在一起的木板，彰显设计和技术的结合。

△ 板式床的特点是简洁的造型和流畅的线条，是现代简约风格卧室的首选

△ 直线条的布艺沙发体现现代简约的特点，而且令人体会到家居放松感

多功能家具

简约不是真正意义上的简单，而是需要建立在满足强大的储物功能之上空间才能做到简化物品，实现简单的生活方式，所以简约风格的空间适合选择一些带收纳的多功能家具。多功能家具是一种在具备传统家具初始功能的基础上，实现一物两用或多用的目的，实现新设功能的家具类产品。

例如隐形床放下是床，将其竖起来就变成一个装饰柜，与书柜融为一体，不仅非常节约空间，而且推拉十分轻便。还有如多功能榻榻米，一提起月牙形拉手，下面隐藏的储物格，就通过化整为零块面分割，形成不同的收纳空间；借助电动、手摇两种控制系统，还可让茶桌自由升降，清静茶室秒变舒适卧室。沙发床可以放在卧室或者是书房内，平常可以作为座椅使用，当需要时，又可以充当床。有些沙发底部全为储物空间，抱枕、杂志、棉被都可收纳，让客厅不再凌乱。一些茶几带有收纳抽屉，可伸缩，也可旋转，可以用来收纳医药、遥控器、杂志、玩具等杂物。看起来简单普通的一张床，床下却是满满的收纳空间，既能收纳又能防灰，同时还能隔绝地上的湿气。有些餐桌侧边带有储物收纳抽屉，简单实用，便于收纳各种细小的餐具，筷子、勺子、蜡烛等这种小东西都能放到这些抽屉。

△ 餐厅卡座节省空间的同时具有强大的收纳能力

△ 榻榻米集休闲、收纳等多种功能于一体

△ 床下设计抽屉柜，既能收纳又能阻挡地面湿气

△ 满墙定制收纳柜，实现空间利用最大化

📝 定制类家具

　　很多现代简约风格的家居空间面积不大，而且户型格局中常常会碰到不规则的墙面，特别是一些夹面不垂直的转角、有梁有柱的位置，选择定制家具是一个不错的选择。例如书房面积较小，可以考虑定制书桌，不仅自带强大的收纳功能，还可以最大限度地节省和利用空间。卧室面积不大，可以将衣柜嵌入到墙体当中，与墙面融为一体，既满足了衣物的收纳，又带来干净利落的视觉感受。

△ 小面积的阅读区适合现场定制书桌和书柜

现代简约风格灯饰除了简约的造型，更加讲求实用性。吸顶灯、筒灯、落地灯、精致小吊灯等类型较为常见，在材质的选择上多为亚克力、玻璃、金属等。简约空间在照明设计上通常采用常规照明加局部照明混合的方案。例如客厅一般以一盏大方明亮的吊灯或吸顶灯作为主灯，搭配其他多种辅助灯饰，如壁灯、筒灯、射灯等。如果是要经常坐在沙发上看书，可采用可调的落地灯、台灯来做辅助，满足阅读亮度的需求。

[珥本设计]

吸顶灯

吸顶灯适用于层高较低的简约风格空间，或是兼有会客功能的多功能房间。因为吸顶灯底部完全贴在顶面上，特别节省空间，也不会像吊灯那样显得累赘。与其他灯具一样，制作吸顶灯的材料很多，有塑料、玻璃、金属、陶瓷等。对于简约风格空间来说，吸顶灯首选亚力克材质，具有透明性好、化学稳定性以及耐磨性好的优点。

[谷辰装饰]

△ 吸顶灯紧贴顶面，非常适合层高较低的空间

无主光源照明

　　无主灯照明是现代简约风格空间的一种设计手法，是为求空间一种极简效果。但这并不等于没有主照明，只是将照明设计成了藏在吊顶里的一种隐式照明。这种照明方式其实比外挂式照明在设计上要求更高，要求光源必须距离顶面 35cm 以上，才不会产生过大的光晕，造成空间中的黯淡感。墙面颜色尽量选择浅色，白色为最佳，因为颜色越深越吸光，光的折射越不好。

△ 利用灯槽吊顶的形式取代主灯照明，显得简洁的同时在视觉上提升了层高

△ 在现代简约空间中，隐藏于吊顶之中的暖光源适合营造温馨舒适的氛围

点光源照明

　　现代简约风格空间中的点光源照明主要通过筒灯来实现。筒灯是一种嵌入到天花板内，光线下射式的照明灯具，相对于普通明装的灯具筒灯更具有聚光性。它的最大特点就是能保持建筑装饰的整体统一与完美，不会因为灯具的设置而破坏吊顶艺术的完美统一。筒灯可减少不必要的空间占用，突出简约家居清爽、干净的装饰风格。如果想营造温馨的感觉，可试着装设多盏筒灯，减轻空间压迫感。

△ 相比于只有一盏吊灯作为主照明的情况，多处点光源叠加的视觉效果更有层次感

现代简约风格空间进行布艺的选择时，要结合家具色彩确定一个主色调，使居室整体的色彩、美感协调一致。恰到好处的布艺装饰能为家居增色，胡乱堆砌则会适得其反。除了装饰作用之外，布艺还具有调整户型格局缺陷的功能。例如层高不够的简约空间可选择色彩强烈的竖条图案的窗帘，而且尽量不做帘头；采用素色窗帘，也可以显得简单明快，能够减少压抑感。

[集艾设计]

纯色或条状图案窗帘

现代简约风格的空间要体现简洁、明快的特点，所以在选择窗帘时可选择纯布棉、麻、丝等肌理丰富的材质，保证窗帘自然垂地的感觉。在色调选择上多选用纯色，不宜选择花型较多的图案，以免破坏整体感觉，可以考虑选择条状图案。

[欧阳金桥]

△ 在黑白主调的简约空间中，采用高级灰的纯色窗帘进行调和是最合适不过的选择了

体现简约美的床品

搭配现代简约风格的床品，纯色是惯用的手段，简单的纯色最能彰显简约的生活态度。以白色打底的床品有种极致的简约美，以深色为底色则让人觉得沉稳安静。用百搭的米色作为床品的主色调，辅以或深或浅的灰色做点缀，搭出恬静的简约氛围。在材料上，全棉、白织提花面料都是非常好的选择。

△ 纯色床品完美体现简约的气质，几个抽象图案的抱枕起到活跃氛围的作用

△ 床品与台灯、装饰画等其他软装元素在色彩上形成呼应，从而形成一个和谐的整体

纯色或几何纹样地毯

纯色地毯能带来一种素净淡雅的效果，通常适用于现代简约风格的空间。此外，几何图案的地毯简约不失设计感更是深受年轻居住者的喜爱，不管是混搭还是搭配简约风格的家居都很合适。有些几何纹样的地毯立体感极强，这种纹样的地毯应用于光线较强的房间内，如客厅、起居室内，再配以合适的家具，可以使房间显得宽敞而富有情趣。

△ 几何方块图案的地毯显得富有趣味性，同时呼应生活几何的设计主题

△ 黑白灰条纹的地毯具有很强的现代感，能轻松融入各种空间

提升居室气质的抱枕

抱枕是改变居室气质的好装饰，几个漂亮的抱枕完全可以瞬间提升沙发区域的可看性。不同颜色的抱枕搭配不一样的沙发，也会打造出不一样的美感。在现代简约空间中，选择条纹的抱枕肯定不会出错，它能很好地平衡纯色和样式简单的差异；如果房间中的灯饰很精致，那么可以按灯饰的颜色选择抱枕；如果根据地毯的颜色搭配抱枕，是一个极佳的选择。

△ 邻近色或者同类色系的抱枕组合给人稳定协调的视觉感受

△ 利用一组对比色的抱枕，增强视觉冲击感

[HWCD 设计]

△ 整体用色相对素雅的环境中，可采用高纯度色彩的抱枕进行点缀

6

软装饰品

　　现代简约风格中的饰品元素，普遍采用极简的外观造型、素雅单一的色调和经济环保的材料。最为突出的特点是简约、实用、空间利用率高。简约不等于简单，每件饰品都是经过思考沉淀和创新得出的，是设计和思路的延展，不是简单的堆砌摆放。此外，现代简约风格空间的软装饰品一方面要注重整体线条与色彩的协调性，另一方面要考虑其功能性，要将实用性和装饰性合二为一。

[AD 大隐设计]

造型简洁的装饰摆件

现代简约风格家居应尽量挑选一些造型简洁、高纯度色彩的摆件。数量上不宜太多，否则会显得过于杂乱。多采用以金属、玻璃或者瓷器材质为主的现代风格工艺品。此外，一些线条简单、造型独特甚至是极富创意和个性的摆件都可以成为简约风格空间中的一部分。

△ 现代简约风格的空间常见玻璃材质的工艺品摆件

△ 金色摆件为高级灰空间注入轻奢美感

△ 富有创意的摆件可为简约风格空间增添个性

313

点睛作用的装饰挂件

现代简约风格的墙面多以浅色单色为主，容易显得单调而缺乏生气，也因此具有很大的可装饰空间，挂件的选用成为必然。照片墙和挂钟、挂镜等装饰是最普遍的。现代简约风格的挂钟外框以不锈钢居多，钟面色系纯粹，指针造型简洁大气；挂镜不但具有视觉延伸作用，增加空间感，也可以凸显时尚气息；照片墙是由多个大小不一错落有序的相框悬挂在墙面上而组成，它的出现将不仅带给人良好的视觉感，同时还让家居空间变得十分温馨且具有生活气息。

[AD 大隐设计]

△ 照片墙不仅能记录生活中的幸福点滴，也能让家中的墙面变得极富个性

[AD 大隐设计]

△ 挂镜既是墙面装饰的一部分，也有助于放大视觉空间

△ Nomon 挂钟具有极简的气质和浓郁的艺术气息，让挂钟不仅只是一个生活实用品，更是一个艺术品，成为提升空间的风景线

△ 几何形状的金属挂件和金属线条形成线和面的呼应，让轻奢气质自然流露

表现清新纯美的花艺

在现代简约家居之中很少见到烦琐的装饰，体现了当今人们极简主义的生活哲学，软装花艺也要依然遵循简洁大方的原则，不可过于色彩斑斓，花器造型上以线条简单或几何形状的纯色为佳，白绿色的花艺或纯绿植与简洁干练的空间是最佳搭配。精致美观的鲜花，搭配上极具创意的花器，使得简约风格空间内充满了时尚与自然的气息，在视觉上制造出清新纯美的感觉。

△ 纯绿植最适合现代简约风格空间的装点

[ULD 家居设计]

[维塔设计]

[HWCD设计]

△ 白绿色花艺在视觉上制造出清新纯美的感觉

形成色彩呼应的装饰画

现代简约风格的装饰画内容选择范围比较灵活，抽象画、概念画以及科幻题材、宇宙星系等题材都可以尝试一下。装饰画的颜色应与房间的主体颜色相同或接近，一般多以黑白灰三色为主，如果选择带亮黄、橘红的装饰画则能起到点亮视觉，暖化空间的效果。也可以选择搭配黑白灰系列线条流畅具有空间感的平面画。

[漾设计]

△ 点缀亮色图案的装饰可起到提亮空间的作用

△ 现代简约空间常用黑白色三色的抽象图案装饰画

★ ★ ★ ★ ★
特邀点评专家
李戈

上海季洛设计创始人兼设计总监，国际建筑装饰室内设计协会高级设计师，中国建筑装饰协会会员，中国室内装饰协会注册高级室内设计师。秉承"构精致设计，筑品位生活"的理念服务于每个空间，对各类空间功能的整理和规划有着自己广阔的思路，对空间和颜色之间的搭配和融合有着自己独特的见解。作品屡获国家级大赛大奖，国内多家权威设计家居杂志、室内设计专业类图书等特邀点评嘉宾。

[HWCD 设计]

[葛亚曦]

Q | 风格主题
风格剖析 | **个性抱枕凸显低调奢华**

在本案中，青蓝色的绒布抱枕显得十分抢眼。造型独特的家具，搭配白色沙发再融入跳色抱枕的点缀，不仅活跃了空间的色彩，而且还彰显出了现代简约风格的装饰品位。抽象图案的地毯与窗帘及装饰画的搭配，让空间具有现代时尚感的同时又不乏稳重的气质。

设计课堂 | 造型简洁的家具凸显出了现代简约风格的空间特色，跳色的抱枕起到了点缀作用，并且增加了沙发的舒适性。

Q | 风格主题
风格剖析 | **树皮背景呈现自然之美**

现代简约风格的餐厅空间在柔和灯光的照耀下，凸显出了餐桌装饰的品质。加以造型独特的吊灯呼应，增加了餐厅空间的灵动性与活力。原木树皮作为餐厅背景墙，让人眼前一亮，不仅彰显了它独有的魅力，而且装点出了餐厅空间的独特品位。

设计课堂 | 实木隔断与原木树皮的深浅搭配，彰显了现代风格的气质。实木树皮背景用不规律的图案，增加了餐厅空间的活力。此外，在餐厅软装搭配中更应注意画面的对称与协调。

[唐明英设计]

创意酒架呈现餐厅时尚

本案的现代简约餐厅空间采用了较为单一雅致的色彩。深色的木纹脚与淡蓝色餐椅以及抱枕的结合，给人一种清雅精致的感觉。酒架采用了别致的造型并呈现于卡座两侧，让餐厅空间更有时尚的创意感。卡座结合椅子的餐区设计，不仅满足了用餐需求，而且还增加了餐厅的收纳功能。卡座背后时尚且富有想象的装饰画，提升了餐厅空间的优雅气质。

设计课堂 | 卡座在现代空间中被广泛使用，因为它让家居生活的舒适度以及收纳空间都得到了提升。在设计卡座的时候应注意参考餐桌的高度来确定卡座的坐高，另外坐垫的颜色也应与桌椅的色彩相呼应。

[子时国际设计]

错落有致的背景增加空间灵动性

灰色系在现代简约风格的空间里运用广泛。本案利用钓鱼灯的展臂巧妙地取代了吊灯的功能，结合背景投影仪的黑边，让客厅空间更显视觉张力。错落有致且对比强烈的背景墙，衬托着黑白灰层次过渡和谐的家具，在柔和灯光的映照下，让空间显得富有品质并不乏时尚感。

设计课堂 | 黑白灰色调的空间里，对比鲜明的背景除了能增加空间的对比度之外，更能提升空间的层次感。不规则图形背景的运用需要呼应整体色彩，而且不能破坏空间的协调感。

跳色营造空间活力

深色的木地板除了能凸显出空间的沉稳与质感外，对于跳色家具也是一种很好的衬托。镂空的藤织沙发让空间更显通透，搭配跳色沙发的对比，以及延伸的书架与地毯，让整体空间更富层次感。沙发与左右两侧的边柜通过色彩的呼应，点亮了空间灵动性。跳跃性色彩的运用不仅让人眼前一亮，而且还丰富了家居装饰的视觉元素。

设计课堂 | 跳色的运用可以增加空间的活力，更凸显出了现代风格的时尚。跳色在空间的运用中，需要结合其他物品的点缀，让空间更具有整体性。

[漾设计]

空间几何体的魅力

在开阔的客餐厅空间里，大方块的木地板加强了空间的稳定感，并与浅色家具形成了色彩对比，让空间显得更有层次。客厅采用了立体感较强且富有艺术气质的正方体茶几，并与正方体吊灯形成了上下呼应，加以深灰色地毯进行过渡，以及立体装饰画的点缀，凸显出了现代简约风格的格调与装饰品位。

设计课堂 | 立体几何图案的家具与灯具，在彰显艺术魅力的同时，不乏实用功能，并凸显出了现代简约风格的装饰特色。立体几何家具结合吊灯的尺寸进行匹配，能为家居空间带来精致且富有设计感的视觉效果。

本书特邀合作主编　　　　　　　　　　王梓羲

毕业于北京交通大学环境设计专业、进修于中央美院　　ZLL CASA 设计创始人、创意总监
建筑装饰协会高级住宅室内设计师　　　　　　　　　　华诚博远软装部创意总监
建筑装饰协会高级陈设艺术设计师　　　　　　　　　　菲莫斯软装学院高级讲师
国家二级花艺环境设计师　　　　　　　　　　　　　　亚太设计大赛家居优秀奖
中国传统插花高级讲师　　　　　　　　　　　　　　　2015 中国设计年度人物
软装行业教育专家　　　　　　　　　　　　　　　　　国际环艺创新设计作品大赛二等奖
国家家居流行趋势研究专家　　　　　　　　　　　　　中国设计年度最具创新设计人物 别墅空间

从业十余年，致力明星私宅、酒店、会所的室内设计，倡导并积极实践"一体化整体设计理念"的先行者，主张通过空间的一体化设计，让居者得到物境、情境、意境的和谐统一。"真实的灵感瞬间应该都来自于对生活的深层次记忆及感悟。"于 2016 年参编中国电力出版社热销室内设计图书《软装配饰选择与应用》《软装设计手册》等著作。

☆ 代表案例

山水文园别墅 私宅
优山美地别墅 私宅
新世界丽樽别墅 私宅
颐和原著别墅 私宅
三亚西山渡别墅 明星私宅
星河湾 明星私宅
富力十号 明星私宅
MOMA 北区 明星私宅
九章别墅 明星私宅
万科大都会 中式会所
固安梨园 中式会所
半岛燕山酒店
北京善方医院
白洋淀温泉度假酒店
北京国开东方西山湖 样板间
天津亿城堂庭 售楼处 样板间

〉参考文献

《世界室内设计史 》　　　　　中国建筑工业出版社　　　　　[美]约翰·派尔 著　　　刘先觉 陈宇琳等译

《软装风格要素》（上、下册）　江苏凤凰科学技术出版社　　　吴天篪（TC 吴）著

〉特邀参编专家　　　　　　　　　　　　　　　　　　　　　　　　　　　　　　　　　（排名不分先后）

 李萍　　　 白帆帆　　　 赵芳节　　　 王拓　　　 李红阳

 刘方达　　　 刘建月　　　 贾立强　　　 王梓羲　　　 李戈

〉鸣谢推动中国室内软装设计发展的设计大师与著名室内设计公司　　　　　　　　（排名不分先后）

戴勇	奥迅设计	筑洋装饰设计	庆于计设计
吴滨	柏舍励创	上海映象设计	尚舍设计
黄全	飞视设计	上海泓点装饰	王永波设计
琚宾	广州道胜设计	上海天恒装饰设计	印尚设计
黄志达	大集空间设计	上海颐居装饰设计	INHOUSE 设计
梁景华	梁桓彬设计	上海天鼓装饰设计	IDEAL 艾迪尔设计
葛亚曦	盘石设计	上海无间设计	HWCD 设计
梁志天	创域设计	香港方黄设计	PCD 品仓设计
邱德光	集叁设计	深点空间设计	DY 空间设计
何永明	一野设计	奕尚空间设计	S.U.N 设计
刘卫军	张慧设计	易和极尚设计	T.WSD · 吴舍软装
郑树芬	集艾设计	中合深美设计	深圳 GND 设计
	尚壹扬设计	优加观念设计	勃朗设计
	GNU 金秋软装	星翰设计	采品设计
	东方婵韵软装	尚层装饰设计	梲格设计
	曾晟设计	张一舟设计	谢辉设计
	云啊设计	悟相设计	尔商设计
	雅布设计	矩阵纵横	大森设计
	布鲁盟设计	纳沃佩思艺术设计	品辰设计
	大诺室内设计	圣易文设计	益善堂设计
	大同室内设计	清大环艺设计	香港洪德成设计
	名居设计机构	北鸥设计	法兰德室内设计
	纳沃设计	成都初懿设计	三筑室内设计
	宁洁设计	菲拉设计	新澄设计
	品川设计	伏见设计	羽筑设计
	徐树仁设计	馥阁设计	唐立俊设计
	微塔空间软装设计	贺泽设计	木桃盒子装饰
	玉鸢空间设计	清羽设计	